专家田间会诊丛书

图说小麦

生长异常及诊治

尹　钧　韩燕来　孙　剑◎编著

中国农业出版社
北京

图书在版编目（CIP）数据

图说小麦生长异常及诊治/尹钧，韩燕来，孙炳剑编著.—北京：中国农业出版社，2019.1（2020.5重印）
（专家田间会诊丛书）
ISBN 978-7-109-24129-9

Ⅰ.①图… Ⅱ.①尹…②韩…③孙… Ⅲ.①小麦－发育异常－防治－图解 Ⅳ.①S435.12－64

中国版本图书馆CIP数据核字（2018）第103220号

中国农业出版社出版
（北京市朝阳区麦子店街18号楼）
（邮政编码 100125）
责任编辑 郭银巧

中农印务有限公司印刷 新华书店北京发行所发行
2019年1月第1版 2020年5月北京第2次印刷

开本：880mm×1230mm 1/32 印张：3.25
字数：95千字
定价：29.80元
（凡本版图书出现印刷、装订错误，请向出版社发行部调换）

前言 FOREWORD

　　小麦是世界主要粮食作物，我国是世界小麦总产量最高、消费量最大的国家，小麦总产量与消费量均占世界的16%左右；小麦也是我国重要的粮食作物，常年播种面积3.45亿亩、总产量超1亿吨，占粮食作物总面积的22%左右、总产量的20%以上，是我国重要的商品粮、战略储备粮品种，在国家粮食安全中占有举足轻重的地位。

　　小麦从播种到成熟一生的生长发育过程中，要经历春、夏、秋、冬不同季节气候变迁，经受多种异常气候变化影响，例如低温冻害、高温干旱、干热风等会造成小麦生长发育的异常表现；小麦生产过程中，要进行土壤耕作、品种选用、播种、施肥、浇水等农事操作，措施不当会造成小麦生长发育异常；小麦生长发育还受土壤质地、营养元素和病虫草害等的影响，也会造成小麦生长发育异常；这些小麦生长异常表现在小麦生产中常有发生，都会不同程度地影响小麦的产量与品质形

成，给小麦生产带来一定的损失。正确诊断分析小麦生长异常原因，确定防治生长异常的技术措施，确保小麦正常生长，对实现小麦高产、优质、高效生产具有重要意义。

　　作者长期从事小麦科研工作，在小麦生产上经常看到小麦生长异常表现，农民朋友经常询问的热点问题也是小麦的异常情况。为了方便农民朋友正确辨认小麦的异常生长症状，科学诊断发生原因并及时采取正确预防措施，最大限度地减少小麦生长异常所造成的损失，我们在多年的科研与生产实践中着重收集了生产上小麦生长异常的典型案例，通过图文并茂的方式，分别描述了小麦异常生长症状表现、发生的原因、诊断的方法和预防生长异常措施等。全书共三个部分，第一部分（问题1～32）主要描述因小麦栽培管理不当或气象灾害所导致的小麦生长异常的现象与诊治，共载入32种生长异常、68幅彩图，由河南农业大学、国家小麦工程技术研究中心尹钧教授撰写；第二部分（问题33～52）主要描述因营养缺乏或营养过量所导致的小麦生长异常的现象与诊治，共载入20种生长异常、40幅彩图，由河南农业大学资源与环境学院韩燕来教授撰写；第三部分（问题53～95）主要描述因病虫草害所导致的小麦生长异常的现象与诊治，共载入43种生长异常、71幅彩

图，由河南农业大学植物保护学院孙炳剑副教授撰写；全书统稿由尹钧教授完成。

该书编写过程中，得到了河南农业大学李洪连教授、宋家永教授、王红卫教授，华中农业大学鲁剑巍教授，西北农业大学王朝辉教授，安徽农业大学李金才教授，河南科技报社李江武记者等同志的大力支持；中国农业出版社为本书的设计、编辑付出了巨大艰辛，在此表示衷心感谢。

希望本书的出版发行，能为麦农排忧解难，起到良师益友的作用。由于小麦异常生长不同年份发生不同，有些异常现象近年来没有发生，书中所列案例不尽全面，有待今后的生产实践中不断完善。另外，各地发生小麦异常生长原因多样，不尽相同，书中描述不妥之处在所难免，望读者批评指正，以便再版时修改完善。

编　者
2017 年 10 月

目 录

前言

第一部分　管理不当与气象灾害所致生长异常

第二部分　营养缺乏与过剩所致生长异常

第三部分　病虫草害所致生长异常

第一部分　管理不当与气象灾害所致生长异常

　　小麦一生要经历不同的生长发育时期，不同时期可能遇到不同的逆境条件，发生不同的异常表现。简化起见，生产上将小麦一生划分为苗期、中期和后期三个阶段。苗期是营养生长阶段，一般从种子萌发到幼穗分化开始（冬小麦为越冬），这个阶段是小麦奠定丰产基础的时期。冬前小麦生长异常影响培育冬前壮苗与中后期生长发育以及高产高效生产，该阶段经常发生的异常表现有：旺苗、弱苗、"小老苗""土里闷"、早霜冻害等。中期是营养生长与生殖生长并进阶段，一般从幼穗分化（冬小麦为返青）到抽穗，是小麦快速生长、干物质大量积累期，也是根、茎、叶、穗器官全面建成的时期，是小麦一生的关键生长期，该阶段经常发生的异常表现有：返青迟缓、晚霜冻害、掐脖旱、穗层不齐等。后期是生殖生长阶段，一般从抽穗到成熟，是小麦籽粒和产量形成的关键期，也是小麦生长异常多发期，该阶段经常发生的异常表现有：倒伏、干热风、穗发芽、贪青晚熟、干旱胁迫等。本部分列举了32种小麦异常生长现象。

1. 小麦旺苗

症状表现：小麦旺苗主要表现为冬前群体过大，叶片生长过旺，大量消耗土壤水分与养分，导致水分养分不足，叶片发黄，冬前田间完全封垄。由于冬前生长过旺，水分养分消耗过大，严重影响来年返青和中后期生长，农谚讲"麦无二旺"就是这个道理（图1-1，图1-2）。

图1-1　小麦旺苗田（尹钧 摄）　　　　图1-2　小麦旺苗（尹钧 摄）

发生原因：肥水条件较好的麦田，播期过早，播量偏大。

诊断方法：冬前单株分蘖在7个以上，群体总茎数超过100万/亩*，叶面积系数超过1。

预防措施：根据当地的气候生态条件和小麦发育特性，确定适期适量播种：当地偏春性的品种一般播期为日平均温度在16℃左右，冬前积温在550～650℃时播种；一般肥力地块播量在8～10千克；保证冬前单株分蘖5～6个，群体总茎数不超过70万/亩。当地偏冬性的品种一般在日平均温度18℃左右，冬前积温700～750℃时播种；一般肥力地块播量在7～9千克；保证冬前单株分蘖6～7个，群体总茎数不超过80万/亩。

---

* 亩为非法定计量单位，1亩≈667米^2。余同。——编者注

2. 小麦弱苗

症状表现：小麦弱苗主要表现为冬前长势较弱，植株矮小，叶色发黄，分蘖较少，群体过小，田间裸露（图2-1，图2-2，图2-3）。

发生原因：播期过晚，冬前积温不足；播种过深，出苗较慢；土壤肥力较低，种肥不足；底墒较差，影响出苗与正常生长。

图2-1 小麦弱苗田（尹钧 摄）

图2-2 小麦弱苗（尹钧 摄）

图2-3 弱苗与正常苗对比（尹钧 摄）

诊断方法：冬前单株分蘖在3个以下，群体总茎数不足40万/亩，叶面积系数0.5以下。

预防措施：除根据当地的气候生态条件和小麦发育特性，确定适期适量播种外（同旺苗田），土壤肥力较低的麦田，要适当增加种肥或底肥数量；对土壤黏重的麦田，还要增加秸秆还田或有机肥，改善土壤质地；底墒不足的麦田还要补墒灌溉。

3. 小麦"小老苗"

症状表现："小老苗"即是出苗后麦苗生长迟缓，植株矮小，叶色深绿，不能正常分蘖，田间裸露（图3-1）。

发生原因：土壤质地黏重，整地播种质量差，肥力不足；温度偏低影响正常生长。

图3-1　小麦"小老苗"（大田，尹钧 摄）

诊断方法：冬前植株和根系生长缓慢，不分蘖或分蘖不正常。

预防措施：（1）改良土壤，增加秸秆还田或有机肥。（2）提高整地与播种质量，做到地平土碎无坷垃，保证种子与土壤有良好接触，利于根系正常生长。（3）增加种肥数量，保证冬前麦苗生长的养分供应。

4. 小麦"土里闷"

症状表现：小麦播种后，冬前不能正常出苗，麦田基本裸露，来年春天才开始出苗生长的现象（图4-1）。由于小麦开始生长较晚，后期植株矮小，成熟期明显晚于正常小麦（图4-2）。

发生原因：前茬作物收获晚或干旱或积水等原因，播种太晚，冬前温度偏低，积温少；土壤干旱，种子不能吸水萌动出苗。

诊断方法：种子没萌发或已经萌发但没出苗。

预防措施：对土壤干旱不能正常出苗的麦田，要灌好底墒水，保证小麦出苗生长的水分需求；加快整地，尽量提早播种，若晚播不可避免，来年早春要及时中耕提高地温；加强水肥管理，促进出苗与幼苗生长。

图4-1 小麦"土里闷"幼苗　　　　图4-2 "土里闷"小麦晚熟
（尹钧 摄）　　　　　　　　　（右）（尹钧 摄）

5. 小麦缺苗断垄

症状表现：小麦出苗后，麦田出现缺苗断垄（图5-1），造成基本苗不足，严重影响小麦群体和成穗数，影响小麦产量。

发生原因：主要是地力墒情不好，或地面不平，浇水不匀，影响出苗；或小麦种子发芽率较低、播种机故障及地下害虫的危害等原因造成缺苗断垄。

诊断方法：小麦出苗后，要及时查苗，一般麦垄内15厘米以下无苗为缺苗，15厘米以上无苗为断垄。

预防措施：（1）精细整地，地要平整。（2）足墒播种，如果播种时土地欠墒，一定提前一周浇水，待水分适宜时再播种。（3）一定做好麦种的发芽试验，发芽率低于95%的尽量不要用做麦种，播前拌种要匀。（4）适时防治地下害虫。（5）发现缺苗断垄，要及时补种或移栽补苗。

图5-1 小麦缺苗断垄（尹钧 摄）

6. 小麦露籽苗

症状表现：小麦出苗后，部分种子裸露于地表发芽，形成露籽苗（图6-1），大田表现生长不均（图6-2）。露籽苗容易发生冻害、易受旱，后期易倒伏、易青枯。

图6-1　小麦露籽苗　　　　　　　　图6-2　小麦露籽苗
　（李江武 提供）　　　　　　　　　　（大田，李江武 提供）

发生原因：小麦播种时，盖土不匀；或者套播小麦时，因土层坚硬，种子没播入土中形成飘籽；或因机械故障等原因，容易出现露籽苗。

诊断方法：小麦播种或出苗后，要及时查苗，发现种子裸露于地表或发芽，为露籽苗。

预防措施：要精细整地，保证小麦播种质量；对套播麦可在旋耕机中间安装大规格犁刀，反旋开墒沟，用开沟形成的细土盖种；发现种子裸露于地表或露籽苗要及早盖土。

7. 小麦死苗

症状表现：小麦苗期麦田出现点片死亡，造成小麦严重减产（图7-1，图7-2）。

发生原因：麦田秸秆还田质量差，秸秆没有充分粉碎，抛撒不均，部分小麦根系扎在干燥秸秆上，造成麦苗死亡；整地质量

图7-1　土壤埇虚造成小麦死苗（李江武 提供）

图7-2　秸秆还田造成小麦死苗（李江武 提供）

差，土壤埇虚，失墒严重，种子根系不能与土壤密切接触，造成麦苗死亡。

诊断方法：土壤埇虚，土壤中秸秆成堆，该地段麦苗生长较弱，如不及时管理会造成麦苗死亡。

预防措施：提高秸秆还田质量，充分粉碎、均匀还田；提高整地质量，做到上虚下实；要浇好麦田底墒水，保证足墒下种；发现麦苗生长变弱，要及时镇压保墒。

8. 小麦黄苗

症状表现：小麦苗期生长势较弱，不能正常分蘖，叶片发黄（图8-1，图8-2）。

发生原因：小麦播种过深，出苗慢，胚乳营养消耗多，造成弱苗；土壤氮素不足，加上秸秆还田，微生物在秸秆腐熟中与小麦争氮，造成苗弱叶黄；土壤塌虚，跑墒严重，土壤水分不足，造成苗弱叶黄。

诊断方法：苗期发现小麦长势较弱，也不能正常分蘖，叶片逐渐发黄。

预防措施：（1）提高小麦播种质量，一般播种深度在3～5厘米为宜。（2）对秸秆还田的麦田要适当增加底施氮肥用量，保证小麦生长氮素需求。（3）提高整地质量，做到上虚下实，同时浇好麦田底墒水，保证小麦生长的水分供应。

图8-1　土壤干旱造成小麦黄苗（李江武 提供）

图8-2　深播缺氮造成小麦黄苗（李江武 提供）

9. 小麦早霜冻害

症状表现：小麦越冬前，遇到突然降温，就会发生早霜冻害。麦苗受冻后，表现为叶色暗绿，叶片像开水烫过一样，以后逐渐枯黄，冻害较轻的叶尖失绿，较重的主茎和分蘖生长锥受冻，初期为不透明状，逐渐萎缩变形，表现出麦田全部枯黄，整株死亡（图9-1）。

图9-1　小麦早霜冻害麦田及麦苗（尹钧 摄）

发生原因：选用的品种春性较强，播种期偏早，品种不需要严格的低温春化过程，冬前就开始拔节，生长锥长出地表，越冬时温度降到0℃以下就容易受冻（图9-2）；或冬前突然降温，麦苗缺乏抗寒锻炼，遇到低温后也容易受冻。

诊断方法：基部节间伸长露出地表，生长锥受冻呈不透明状，数日后干枯发黄。

防救措施：要根据全国小麦生态区划要求，严格选用不同麦区适宜的品种类型：春麦区要选用春性、强春性小麦品种；

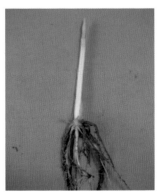

图9-2　小麦冬前拔节
（尹钧 摄）

北方冬麦区要选用冬性、强冬性小麦品种；黄淮冬麦区要选用半冬性、春性小麦品种；长江中下游及以南冬麦区要选用春性小麦品种；

对本区偏春性品种要适期播种，特别不能早播；易发生早霜冻害麦区，要浇好底墒水，利于平抑地温，培育冬前壮苗，提高麦苗的抗冻能力。对已经发生早霜冻害的麦田要尽早施肥浇水加以补救。

10. 小麦返青迟缓

症状表现：春季返青期，小麦新叶片迟迟不能长出，北方冬麦区麦田呈现一片枯黄，无明显越冬期的黄淮麦区春季仍为冬前长出的老叶，呈现深绿色（图10-1）。

发生原因：春季土壤干旱，耕层土壤含水量不足相对含水量的30%；土壤板结、地温偏低都会影响小麦的正常返青。

诊断方法：春季返青期，麦田呈枯黄或深绿，迟迟长不出春生的新叶片。

防救措施：春季返青期及时浇返青水，保证土壤相对含水量在60%以上；及时中耕，破除土壤板结，提升地温，促进小麦返青与生长。

图10-1　小麦返青迟缓
（尹钧 摄）

11. 小麦基部节间过长

症状表现：春季拔节初期，由于气温快速回升，小麦生长加快，基部第一、第二节间快速伸长，超过4～5厘米，将会导致株高过高，超过85厘米，后期遇到大风天气极易倒伏，造成小麦减产（图11-1）。

发生原因：春季拔节初期，气温快速回升至25℃以上，基部节间快速生长，形成基部节间过长。

图11-1　小麦基部节间过长
（宋家永 摄）

诊断方法：查看小麦基部第一、第二节间长度，正常情况下，随着气温回升，小麦节间从基部第一到穗下节逐步加长，基部第一、第二节间一般在3厘米以下，如果基部第一、第二节间长度超过4～5厘米，则为基部节间过长的拔节异常现象。

预防措施：春季拔节初期，如遇到气温回升过快的异常高温天气现象，要及时喷洒缩节胺等抑制生长的化控药剂，防止基部节间的快速生长。

12. 小麦无分蘖发生

症状表现：小麦冬前分蘖期和春季分蘖期，没有正常分蘖发生，只有主茎生长（图12-1）。表现为一粒种子只有一个单茎的现象，也无分蘖成穗（图12-2）。

发生原因：（1）播量过大，单株营养条件差，只能满足主茎生长，没有足够的营养供应分蘖生长，造成不能正常分蘖。（2）播种过晚，冬前小麦3～4叶时气温稳定达到3℃以下，小麦进入越冬阶

图12-1 小麦无分蘖发生（尹钧 摄）　　图12-2 小麦无分蘖成穗（尹钧 摄）

段停止生长；返青后或有少量分蘖，但由于发育进程与主茎差异较大，营养不能充足供应，长势弱，最终成为无效分蘖而死亡。

诊断方法：小麦的正常分蘖有一定规律，小麦分蘖发生在地下不伸长的茎节上，也称为分蘖节，分蘖节的每个茎节长一片叶子，同时产生一个分蘖。小麦的叶片与分蘖有同伸关系，当主茎长至第3片叶子时，会在胚芽鞘上长出第1个分蘖，称胚芽鞘蘖；主茎长至第4片叶子时，分蘖节上长出第1个分蘖，主茎第5片叶时，分蘖节上长出第2个分蘖，依次类推，主茎上长出的分蘖为一级分蘖，一级分蘖有 $N-3$ 的分蘖规律（N 为主茎叶片数）；一级分蘖也能产生分蘖，称为二级分蘖，二级分蘖长到3片叶时产生第一个二级分蘖，二级分蘖有 $N-2$ 的分蘖规律。到小麦主茎长到第4片叶以后还没有分蘖，称为分蘖异常。第4叶后，某一片叶上没有长出分蘖，为缺位蘖，严重时所有叶位都没有长出分蘖。

预防措施：（1）降低播量，充分发挥小麦个体的分蘖能力。一般高产麦田小麦播量控制在6～8千克/亩，中产麦田播量控制在8～10千克/亩，对分蘖能力较强的品种或播种较早的麦田，其播量还需适当降低。（2）适时播种，保证小麦正常分蘖壮苗越冬。一般冬性小麦品种，应在冬前积温700～800℃时播种，冬前叶龄达到7叶1心左右，一级分蘖4～5个；一般春性小麦品种，应在冬前积温600～700℃时播种，冬前叶龄达到6叶左右，一级分蘖3～4个。

13. 小麦生育期迟缓

症状表现：大田正常小麦拔节后，发育缓慢的品种处于匍匐状态，基部节间仍没有伸长（图13-1）；正常小麦抽穗后，发育缓慢的品种处于孕穗或拔节状态（图13-2）；此后，开花、成熟期也都晚于正常小麦。

发生原因：该品种冬性较强，当地冬季低温条件不能完全满足该品种对春化发育的要求，返青小麦的幼穗发育还没有通过二棱期，因而不能正常拔节抽穗。

诊断方法：小麦拔节后，查看小麦生育期，凡推迟拔节、抽穗、

图 13-1 小麦基部节间 图 13-2 小麦发育迟缓（左）
未伸长（右） （尹钧 摄）
（尹钧 摄）

开花、成熟的品种均为冬性较强，发育过慢的品种。

预防措施：根据小麦品种春化发育特性和生态区对应的关系（参考"9.小麦早霜冻害"预防措施），选用冬性较弱，适合当地生态条件的品种。

14. 小麦节间伸长异常

症状表现：一般小麦地上部分有5个节间伸长，异常现象表现：一是个别品种或有些年份出现6个节间伸长的现象（图14-1），即分蘖节的最后一节也伸长表现为六节小麦，而较小的分蘖由于发育较晚，仍为5个节间伸长；二是个别春性品种或有些年份出现4个节间伸长的现象（图14-2），即使有多个分蘖的小麦也都表现为4个节间伸长（图14-3）。

发生原因：出现6个节间伸长情况的主要原因是春季小麦返青期气温回升较早、较快，小麦分蘖节上的间也开始伸长，造成伸长节间数增多。出现4个节间伸长情况的主要原因是春性品种总叶片（节数）较少，发育较快，返青期气温回升时只有4个节间可伸长生长。

诊断方法：根据小麦春季的茎生叶片数或伸长节数可确定小麦伸长节间数的数量。

预防措施：茎生节间数的多少并不直接影响小麦的产量。但多

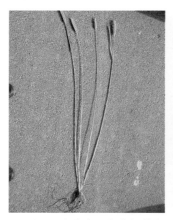

图14-1　小麦有6个节间伸长　图14-2　四节小麦　图14-3　多分蘖四节小麦
　　　　（尹钧 摄）　　　　　　　　　（尹钧 摄）　　　　　　　（尹钧 摄）

数情况下，由于返青期气温回升快，拔节期气温高，会导致节间数增多、基部节间过长，因此要采取喷施缩节胺等措施，防止株高过高，后期倒伏。茎生4个节间对小麦生产无直接影响。

15. 小麦晚霜冻害

症状表现：晚霜冻害一般发生在小麦返青至抽穗期，返青至拔节期遇到低温或降雪天气后，叶片或大分蘖生长锥容易受冻（图15-1）；孕穗期遇到低温，小麦幼穗受冻，起初表现为似水渍状（图15-2，图15-3），以后受冻穗部发白，小穗停止发育（图15-4）；到成熟期主茎和大分蘖不能抽穗并全部死亡，小分蘖长出并抽穗（图15-5，图15-6）；发生冻害时浇水的小麦冻害较轻，大分蘖仍能正常抽穗，而没浇水的小麦冻害较重（图15-7）。

发生原因：春季气温回升，小麦生长旺盛，抗冻能力下降，如果返青至抽穗期遇到倒春寒，气温逐降到0℃左右或以下，会使叶片或幼穗受冻。孕穗期一般当幼穗分化处于花粉母细胞四分体期的小穗受冻最为严重。

诊断方法：返青至抽穗期遇到倒春寒，气温逐降到0℃以下，发现

图15-1　小麦晚霜冻害（拔节期降雪，李江武 摄）　　图15-2　小麦晚霜冻害（抽穗期，尹钧 摄）

图15-3　小麦晚霜冻害（当天，尹钧 摄）　　图15-4　小麦晚霜冻害（2天后，尹钧 摄）

图15-5　小麦晚霜冻害（灌浆期，尹钧 摄）　　图15-6　小麦晚霜冻害（成熟期，尹钧 摄）　　图15-7　霜冻后浇水（左）与不浇水（右）小麦对比（尹钧 摄）

叶片或幼穗似水渍状的为受冻。

预防措施：选择抗冻性强的优良品种；加强水肥管理提高抗冻能力；对受冻后的麦田要采取补救措施，一般分蘖和主茎发育进程不同，受冻害的程度也不同，因此要及时进行水肥管理，促进受冻害轻的分蘖成穗，弥补对产量造成的损失。

16. 小麦抽穗异常

症状表现：小麦抽穗期不能正常抽穗，表现为穗芒卡在旗叶叶鞘中，穗子呈畸形（图16-1），形成"旗叶盖顶"现象（图16-2），

图16-1 小麦抽穗异常（穗部，宋家永 摄）　　图16-2 小麦抽穗异常
　　　　　　　　　　　　　　　　　　　　　　　　　　　（植株，宋家永 摄）

严重影响小麦正常抽穗、开花和灌浆过程。

发生原因：小麦孕穗期遇到低温冷害，旗叶叶鞘受到冷害不能正常展开，导致不能正常抽穗。

诊断方法：查看小麦抽穗情况，有穗子不能正常抽出，出现"旗叶盖顶"现象。

预防措施：小麦抽穗期保持土壤含水量在田间持水量的70%～75%，增加田间湿度，减轻低温危害；选用抗冻性较强或发育较快的小麦品种，避免遭受低温危害。

17. 小麦除草剂危害

症状表现：除草剂施用不当会发生除草剂危害。除草剂喷洒到小麦叶片上时，会出现叶片点片状失绿（图17-1）；受除草剂危害严重时，田间麦苗叶片发黄，随后点片枯死（图17-2）。

图17-1　除草剂危害叶片（尹钧 摄）　　图17-2　除草剂危害麦田（尹钧 摄）

发生原因：麦田误喷单子叶植物除草剂，或周边喷洒除草剂时随风飘入麦田，造成麦苗死亡。

诊断方法：除草剂喷洒后，叶片点片发黄，或整片叶片发黄，数天后枯死的现象。

防救措施：麦田除草要选用阔叶类或双子叶植物安全有效的除草剂；周边喷洒除草剂时，要选择无风的天气，并保持与麦田有一定的安全距离。对受除草剂危害的麦田要加强水肥管理，促进危害较轻的小麦分蘖赶队，提高分蘖成穗率，弥补药害造成的产量损失。

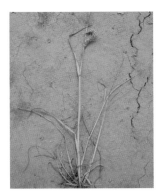

18. 小麦"掐脖旱"

症状表现：小麦抽穗期麦穗不能正常抽出或保留在叶鞘中的现象（图18-1）。

发生原因：小麦抽穗期是小麦需水临

图18-1　小麦"掐脖旱"
（尹钧 摄）

界期和高峰期，若土壤相对含水量不足50%，会造成小麦穗下节间不能正常伸长生长，而发生"掐脖旱"。

诊断方法：小麦抽穗期抽穗迟缓或穗子不能正常抽出。

预防措施：检测土壤含水量，保持相对含水量在70%～75%，当土壤相对含水量不足60%时，要及时补充灌溉。

19. 小麦杨絮污染

症状表现：小麦杨花授粉阶段，杨絮飞舞到处散播，黏附于麦穗上，麦田成片发白；黏附于麦穗上杨絮会阻碍传粉，影响小麦授粉结实，同时也影响旗叶、穗部光合作用的正常进行，从而影响小麦的产量形成（图19-1，图19-2）。

图19-1　杨絮污染的麦田（麦穗，尹钧 摄）　　图19-2　杨絮污染的麦田（大田，尹钧 摄）

发生原因：杨絮，又称毛白杨花絮，当杨树果实将要成熟时，果开裂，杨絮就会四处飞扬，飞扬在大街上造成环境污染。田间杨树飘絮期正是小麦传粉、授粉的关键期，农田林网的杨树飞絮，会黏附于麦穗上，形成杨絮污染。

诊断方法：农田林网为毛白杨雌株，小麦传粉、授粉期，杨絮到处散播，黏附于麦穗上，麦田成片发白。

预防措施：实施农田林网的树种改造，换种毛白杨雄株或其他树种，可有效防止杨絮污染。

20. 麦田穗层不齐

症状表现：小麦抽穗后，麦田主茎与分蘖植株高矮不一，即会形成多层穗（图20-1，图20-2）。

发生原因：小麦个体生长发育进展快慢不一致，多为主茎与分蘖之间生长发育进程差异较大，一般主茎生长发育早植株高，而分蘖生长发育晚，植株矮，形成上层的主茎穗，下部的分蘖穗多个穗层，一般分蘖成穗多的麦田容易发生多层穗。

图20-1　麦田穗层不齐（成熟期，尹钧　摄）

诊断方法：抽穗后，上部与下部穗层相差3～5厘米，即为两层或多层穗。

预防措施：多层穗一般是因为基本苗少，单株成穗数多，低级分蘖与主茎发育进程差异大造成的，所以首先要保证适宜的播量，中高产麦田，基本苗应为成穗数的1/2左右；其次要加强水肥调控，促进大分蘖成穗，控制小分蘖成穗，加快分蘖的两极分化进程，保证麦田具有合理的群体动态及大分蘖与主茎的均衡生长。

图20-2　麦田穗层不齐（灌浆期，尹钧　摄）

21. 小麦倒伏

症状表现：小麦灌浆后期遇到大风会造成大面积植株倒伏，倒伏包括茎倒和根倒两种。倒伏会严重影响小麦的光合作用和灌浆过程，导致产量下降、收获困难（图21-1）。

图21-1　小麦倒伏（灌浆期，尹钧 摄）

发生原因：小麦灌浆后期，因麦穗较重，遇到大风或强对流天气会引起倒伏。一般植株株高较高，特别是基部节间较长、茎秆脆软的容易引起茎倒；后期浇水后，土壤松软容易引起根倒。

诊断方法：高秆品种，特别是基部节间超过2厘米时，容易倒伏；后期大水漫灌后土壤松软的容易倒伏。

预防措施：选用矮秆抗倒品种，一般水地高产麦田要选用株高在75厘米及以下的品种为好；小麦拔节期要控制水肥，防止基部节间过长引起茎倒；小麦灌浆后期要避免大水漫灌，预防大风引起根倒；如果发生倒伏较早，小麦植株可以自然恢复，不需要人工扶助。

22. 小麦植株狂长

症状表现：小麦在拔节阶段，各节间快速伸长，株高可达90厘米以上；秸秆细长、弯曲，叶片长而下披；单株分蘖多，大小分蘖

"齐头并进"（图22-1）；麦田群体大，每亩总茎数超过100万，极易发生倒伏。

发生原因：土壤肥力高，施肥量过大，特别是小麦拔节期分蘖开始两级分化时，由于土壤水分充足、营养过剩，大小分蘖一起长，小分蘖没有得到有效控制，形成群体过大、植株狂长的现象。

诊断方法：小麦拔节期查看分蘖两级分化情况，大小分蘖没有出现两级分化情况，即小分蘖不能较快的萎缩死亡，与大分蘖一起生长，就会出现群体过大、植株狂长的现象。

图22-1　小麦植株狂长（尹钧 摄）

预防措施：在小麦拔节期分蘖开始两级分化时，要严格控制土壤水分和肥料供应；对土壤肥力高，群体大的麦田，控制土壤水分在田间持水量的55%以下，不能追肥，限制小分蘖继续生长，促进大小分蘖两级分化，保证麦田群体回归到45万～50万/亩。

23. 小麦干热风危害

症状表现：小麦生育后期遇到高温干旱和有风的天气过程容易造成干热风危害，受干热风危害后，小麦各部位失水变干，顺序为从麦芒尖到芒基，由穗顶到穗基，由叶尖到叶基，茎叶逐步青枯、麦穗炸芒，提早成熟，籽粒干秕，千粒重下降（图23-1，图23-2）。

发生原因：小麦生育后期遇到14时气温≥30℃、相对湿度≤30%、风速≥2米/秒天气2天以上的为干热风天气，干热风将会造成蒸腾作用加强，植株体内水分失去平衡，叶绿素解体，碳氮代谢、灌浆速度受到抑制，因而茎叶失绿变黄、灌浆速度和籽粒千粒重下降。

图23-1　干热风危害麦田（粒干秕，
　　　　尹钧　摄）　　　图23-2　干热风危害麦田（炸芒，
　　　　　　　　　　　　　尹钧　摄）

诊断方法：小麦生育后期遇到干热风天气后，碳氮代谢、光合作用、根系活力明显下降，出现茎叶失绿、炸芒等症状。

预防措施：选择灌浆速度快、早熟、抗干热风品种；干热风来临时要采取灌水、施肥等措施，降低地表温度，增加株间湿度；小麦灌浆期喷洒1～2次磷酸二氢钾溶液，每亩150～300克兑水50～60千克，可改善湿度，增强植株活力；长远来看，要通过植树造林，建立农田林网，降低风速和气温，增加空气湿度，可起到预防或降低干热风危害的作用。

24. 小麦干旱胁迫

症状表现：土壤缺水后引起小麦生长缓慢，分蘖偏少，叶片卷曲甚至发黄；群体不足，植株矮小，后期早衰，穗小粒少，产量明显降低（图24-1）。

发生原因：土壤含水量低于毛管断裂水，相对含水量在50%以下，不能满足小麦生长发育对水分的需求，造成干旱胁迫。

诊断方法：苗期土壤相对含水量在50%以下，中后期在60%以下，发生叶片卷曲等症状。

预防措施：选择抗旱节水小麦品种；旱地麦田要采取深松蓄水、覆盖保墒、中耕提墒等蓄水保水措施，增加自然降水蓄保，提高自

图24-1　干旱胁迫麦田（*尹钧 摄*）

然降水利用率；有灌溉条件的麦田要及时补充灌溉，确保中后期土壤相对含水量在60%以上。

25. 小麦穗发芽

症状表现：小麦成熟期遇到阴雨天气，小麦籽粒在穗子上萌动、或胚根胚芽露出颖壳的现象为小麦穗发芽（图25-1，图25-2）。后期小麦倒伏后，也会发生穗发芽（图25-3）。小麦穗发芽后，由于干物质降解，产量降低；籽粒的营养品质和加工品质明显恶化，质量等级下降；做种子用的小麦也失去种用价值（图25-4）。

发生原因：小麦成熟期遇到阴雨天气，籽粒吸水膨胀，由于温度适宜（≥25℃以上）、空气充足，促进籽粒内部碳氮分解代谢，导致籽粒萌动或发芽。

诊断方法：阴雨天气后，拨开颖壳，胚根突破种皮或胚根胚芽露出颖壳即为穗发芽。

预防措施：选用抗穗发芽能力强的或早熟的小麦品种；小麦成熟后要及时收获，防止遇雨发芽；遇雨收获的小麦要及时晾晒或烘干，防止发芽。

图 25-1 小麦穗发芽症状（尹钧 摄）

图 25-2 小麦发芽穗（尹钧 摄）

图 25-3 小麦倒伏后穗发芽（尹钧 摄）

图 25-4 小麦穗发芽籽粒（尹钧 摄）

26. 小麦贪青晚熟

症状表现：小麦成熟期茎叶仍保持浓绿，籽粒含水量较高，成熟期明显推迟（图 26-1）。小麦晚熟后易遇到后期灾害性天气，直接影响灌浆过程，造成减产。

发生原因：一是品种冬性较强，生育期较长，在当地小麦正常

图26-1　小麦贪青晚熟（尹钧 摄）

成熟期不能完成生育过程；二是生育后期水肥供应充足，特别是后期氮肥施用量过大，会造成小麦贪青晚熟。

诊断方法：小麦成熟期茎叶浓绿，根系活力旺盛，籽粒含水量在30%以上，成熟期偏晚。

预防措施：选用与当地气候生态条件相适应的品种类型，一般北部冬麦区选用冬性、半冬性小麦品种，黄淮冬麦区选用半冬性、春性小麦品种，长江中下游冬麦区选用春性小麦品种；根据土壤肥力条件合理施肥，一般中高产麦田亩施纯氮12～14千克，底肥追肥比为7∶3，追肥在拔节后施用为宜，避免灌浆期大量施用氮肥。

27. 麦田品种混杂

症状表现：小麦种子不纯会造成麦田各种小麦品种共存，甚至还有农家品种，穗子较小，株高超过1米，造成田间高低不一，性状各异（图27-1，图27-2）。由于杂株小麦穗小、粒少，品质差，严重影响小麦的产量、品质和收购等级。

发生原因：农民自己留种时，种子田收获前没有去杂去劣，造

图27-1 混杂麦田（尹钧 摄）

图27-2 混杂麦株
（尹钧 摄）

成种子不纯，多个品种或种类混杂；或麦田小麦杂株收获时，籽粒散落土壤中，秋季小麦播种后随之萌发生长，形成多个品种混杂。

诊断方法：麦田小麦生长不整齐，性状各异，为不同品种或种类小麦混杂生长。

预防措施：选用纯度高、性状优良、正规公司销售的小麦种子；对大田留种的，要做到收获前认真去杂去劣，单收单打单储，保证种子的纯度与质量；前期发现生长性状不一致小麦植株，要及时拔除。

28. 小麦涝渍灾害

症状表现：麦田发生涝渍灾害后，小麦苗期生长势较弱，叶色发黄，受灾较重的地块有死苗现象（图28-1）；灌浆期受灾后，叶色发黄，叶尖干枯，光合作用受阻，灌浆速度降低，严重影响产量形成（图28-2）。

发生原因：小麦生育期自然降水量大，麦田排水不畅，田间积水严重，土壤含水处于饱和状态，土壤中固、液、气相比例不协调，氧气缺乏，根系活力下降甚至死亡，不能有效吸收土壤水分和养分，导致地上部分叶色发黄，光合作用受阻等严重后果。

诊断方法：强降水后，田间积水，排水不畅，土壤含水长时间

图28-1　小麦涝渍灾害（苗期，李金才 摄）

图28-2　小麦涝渍灾害（灌浆期，李金才 摄）

饱和，导致叶色发黄的现象为涝渍灾害。

预防措施：建立麦田排水系统，及时排涝降渍，保持土壤中固、液、气相比例协调；也可通过沟垄播种方法，将小麦播于垄背，减少涝渍危害。

29. 麦田杂草危害

症状表现：麦田混生多种杂草，形成杂草与小麦混杂生长（图29-1），杂草大量消耗麦田水分与养分，杂草株高高于小麦时（图29-2），还影响小麦正常的光合作用，严重影响小麦正常生长。

发生原因：麦田整地质量差；小麦生育前期没有及时进行除草管理，导致麦田杂草丛生。

诊断方法：春季小麦返青后，及早检查麦田杂草数量与生长情

图29-1　杂草丛生麦田（尹钧 摄）

图29-2　麦田杂草（尹钧 摄）

况，发现杂草及时防除。

防治措施：及早采取中耕方法进行除草；正确选用除草剂除草，对阔叶杂草选用2甲4氯、百草敌、西草净等除草剂；对禾本科杂草选用禾草灵、杀草丹等除草剂；阔叶杂草和禾本科杂草混生时，可选用绿麦隆、异丙隆、扑草净和禾田净等除草剂，均有较好的防除效果。

30. 小麦小穗不孕不结实

症状表现：小麦灌浆成熟期表现出穗基部有多个小穗不孕，不能结实，严重影响小麦的产量提高。

发生原因：小麦小穗发育进程的先后顺序是：从中部到上部，最后是下部。由于下部小穗发育较晚，生长势弱，当群体较大、穗数较多，养分供应不足时，发育最晚的基部小穗得不到养分的供应而退化（图30-1，图30-2）。

诊断方法：小麦开花与籽粒形成期，基部小穗的小花不能开花结实，到灌浆成熟期表现出多个不能结实的退化小穗。

预防措施：严格控制麦田群体和穗数，保证小麦群体与土壤肥力、养分供应相适应；在小麦的小穗小花发育过程中，要加强水分管理，保证充足的养分供应，防止小穗小花退化。

图30-1 基部小穗不孕（尹钧 摄）

图30-2 基部小穗正常结实（左）与不孕（右）对比（尹钧 摄）

31. 小麦叶片干尖

症状表现：小麦叶片干尖在不同生育期均会发生，表现为叶片顶部干枯，一般在1厘米左右（图31-1，图31-2，图31-3），严重影响叶片的光合作用和干物质生产。

发生原因：小麦苗期叶片干尖主要由干旱、冻害等原因造成；

图31-1　小麦苗期干尖（尹钧 摄）

图31-2　小麦后期干尖（尹钧 摄）

图31-3　小麦干尖（大田，尹钧 摄）

后期叶片干尖主要由营养供应不足、干热风天气等原因造成。

诊断方法：小麦叶片尖部有1厘米左右干枯。

预防措施：加强水肥管理保障养分，苗期采取预防冻害、后期采取预防干热风等措施，可有效防止叶片干尖的发生。

32. 小麦后期早衰

症状表现：小麦灌浆期叶片、茎秆发黄，根系死亡，整体植株提前枯死（图32-1）；比正常小麦明显提前成熟（图32-2），籽粒干瘪，千粒重明显减低。

发生原因：水肥供应不足，或遭遇后期干热风危害。

诊断方法：小麦后期叶片、茎秆提前发黄，根系提前衰老，成熟期明显提前。

预防措施：小麦中后期要根据土壤水分情况及时浇水、补肥；遇干热风天气要提前浇水，增加田间湿度，减轻干热风危害。

图32-1　小麦后期早衰（尹钧 摄）

图32-2　正常与早衰（左）小麦对比（尹钧 摄）

第二部分 营养缺乏与过剩所致生长异常

小麦生长发育过程中，要从空气和水中获得碳（C）、氢（H）、氧（O）营养元素，也要从土壤中吸收氮（N）、磷（P）、钾（K）、钙（Ca）、镁（Mg）、硫（S）等营养元素和铁（Fe）、锰（Mn）、锌（Zn）、氯（Cl）、硼（B）、铜（Cu）等微量元素，各种营养元素需求的数量不同，C、H、O通过光合作用而获得，占小麦干物质重的95%左右，N、K各在1%以上，P、Ca、Mg、S各在0.1%以上，微量元素均在6毫克/千克以上。小麦的生长发育对这些营养元素的数量有一定的要求，一方面营养元素数量不足时，会引起小麦的各种缺素症，影响小麦的正常生长发育；另一方面营养元素数量过剩，也会造成小麦中毒症状，同样会影响小麦的正常生长发育；小麦生产对土壤质地、土壤结构、土壤的水、肥、气、热协调性都有一定的要求，出现土壤障碍因素也会影响小麦的正常生长。因此，正确识别各种异常生长特征，诊断导致异常生长的主要原因，采取针对性的预防措施，才能保证小麦的健壮生长与丰产增收。本部分列举了20种小麦常见的营养元素缺乏和中毒等症状。

33. 小麦缺氮

症状表现：植株色淡瘦小，分蘖少。整株叶片由下而上变黄，老叶叶尖端易黄化干枯（图33-1，图33-2，图33-3）。抽穗后，植株矮小，单株成穗数少，穗小粒少（图33-4）。缺氮较轻时，因单位面积穗数对主茎成穗依赖性增加，平均千粒重常呈增加趋势。

发生原因：在施用有机肥或氮肥较少的瘠薄土壤上，或进行了秸秆还田但氮肥配施不足的麦田容易发生。

诊断方法：远看麦田叶色淡，呈淡绿色；近看植株叶片黄化自下部向上部发展，单片叶黄化从叶尖部向基部发展，但叶片上无杂色斑点或条纹，拔节以前分蘖少，植株封行晚，拔节后成穗数少。

图33-1 小麦缺氮大田（叶优良 摄）

图33-2 苗期小麦缺氮症状
（鲁剑巍 摄）

图33-3 拔节期小麦缺氮症状
（鲁剑巍 摄）

图33-4 灌浆初期小麦缺氮表现
（叶优良 摄）

预防措施：在有效氮供应不足的瘠薄土壤上，注重施用有机肥或化学氮肥；秸秆还田条件下应注意配合足量的氮肥施用。苗期至返青期缺氮，每亩可追施尿素7～8千克，后期可用1%～2%的尿素溶液进行叶面喷施，每亩用量50～60千克。

34. 小麦施氮过量

症状表现：苗期单株分蘖多，叶色浓绿，叶片大，柔嫩多汁；抗寒力降低，易遭冻害死苗；返青后植株长势旺，田间封行早；拔节期分蘖两极分化迟，无效分蘖死亡慢，基部老叶较多，下部节间较长；抽穗后植株高，易于贪青晚熟，易倒伏和发生病虫害；最终产量降低，小麦加工品质变劣（图34-1，图34-2）。

图34-1　施氮过量引发小麦贪青、倒伏（叶优良 摄）

图34-2　施氮过量引起的小麦赤霉病加重（N_{240}）（叶优良 摄）

发生原因：土壤基础肥力较高，水肥供应过量。

诊断方法：一看各生育时期的群体大小；二看单株的叶色和长势长相，苗期叶色浓绿，叶片宽大，拔节期分蘖两极分化缓慢者，后期贪青晚熟，易于倒伏者。

预防办法：一是控制好尿素或复合肥中氮素施用量且施用均匀，施肥量不超过推荐用量；二是做好水分管理。

35. 小麦氨中毒

症状表现：苗期生长迟缓，叶色暗而无光泽，分蘖受到抑制，次生根发生和伸长受到抑制，根系发黄、老化（图35-1）。

发生原因：铵态或尿素态氮肥施用过量，或施用部位距离种子或根系过近。

诊断方法：询问氮肥施用数量和方法，如每亩施用量严重超过推荐用量，同时施肥位置与根系距离过近，出现小麦老叶黄化、生长停滞、根系黄化变褐现象，则有可能是出现了氨中毒现象。

预防措施：（1）控制好尿素或复合肥施用量且施用均匀，施肥量不超过推荐用量。（2）施肥位置要与作物根部保持足够的距离，一般保持在8厘米以上。（3）施用肥料时避免将尿素撒到叶子上。（4）灌溉施肥时氮肥的浓度要低些，一般不超过0.3%。

图35-1　小麦氨毒害幼苗（左）与对照（右）（韩燕来 摄）

36. 小麦缺磷

症状表现：通常表现为植株矮小，叶色暗绿，无光泽；苗期麦株分蘖少、次生根发育受影响，严重时，植株生长停滞（图36-1）；越冬期叶鞘和叶片常呈紫红色，甚至到返青后仍不消退（图36-2）；拔节期下部叶片逐渐从叶尖和叶边沿开始枯萎（图36-3）；抽穗成熟期延迟，小花退化严重，小穗数和粒数减少，籽实不饱满，千粒重明显下降。

发生原因：在有机质少的瘠薄土壤上，寒冬季节以及基施磷肥不足的土壤条件下易出现上述缺磷症状。酸性土壤当石灰施用过量时，也易使土壤磷的有效性

图36-1　苗期小麦缺磷典型症状（鲁剑巍 摄）

图36-2　分蘖期小麦缺磷症状
（鲁剑巍 摄）

图36-3　拔节期小麦缺磷症状
（鲁剑巍 摄）

降低，而诱发小麦缺磷。

诊断方法：远看麦田叶色暗，群体稀疏；将植株从土壤中拔出后可见苗期次生根发生受到显著影响；从单株地上部看下部叶片色泽暗淡，严重时茎基部和叶片、叶鞘呈紫红色，并发展到旗叶。

预防措施：在土壤有效磷不足的土壤上重施有机肥和磷肥做基肥。补救措施是，苗期缺磷，每亩追施过磷酸钙20～30千克，行间沟施，施后灌水；中后期缺磷，用0.2%～0.4%磷酸二氢钾溶液叶面喷施1～2次，每亩用量50千克。

37. 小麦缺钾

症状表现：苗期麦株生长迟缓，下部叶片自叶尖向叶基部黄化（图37-1）；越冬期小麦易受寒害，下部叶片除黄化外干枯严重；麦苗返青迟缓，下部可见较多的黄化伴干枯状叶（图37-2）；拔节期小麦叶片茎秆柔软、叶片下披，植株抽穗快慢参差不齐，中后期易感病虫害（图37-3，图37-4），籽粒不饱满，千粒重较低。

发生原因：在质地较轻，土壤有效钾不足，施用钾肥较少或施高氮复合肥的地块，酸性土壤石灰施用量过高时，均易导致作物缺钾。

诊断方法：远看麦田枯黄、色泽不均一，群体生长凌乱不整齐。单株叶片枯黄自下部向上部发展，单个叶片枯黄自叶尖向叶基部发展。越冬期至返青期麦苗基部有较多的黄化叶片，叶片呈干枯状，无光泽。

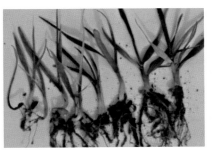

图37-1　苗期小麦缺钾典型状况
（韩燕来 摄）

图37-2　越冬期缺钾小麦（左）
生长情况（韩燕来 摄）

图37-3　拔节期小麦缺钾状况
（鲁剑巍 摄）

图37-4　小麦施钾（左）与缺钾（右）
对比（鲁剑巍 摄）

　　预防措施：在质地较轻，土壤有效钾不足的土壤上注意秸秆还田，重视有机肥和钾肥的施用。每亩可基施氯化钾5 ～ 10千克，或作为追肥在行间开沟追施，施后灌水；中后期用0.3% ～ 0.4%磷酸二氢钾溶液叶面喷施1 ～ 2次，每次用量50千克。

38. 小麦缺钙

　　症状表现：小麦缺钙植株矮小，生长点易枯死；叶片小，新叶皱缩，不易展开（图38-1），叶尖常呈钩状弯曲；临近生长点的叶片、叶缘易枯死，长成的叶片也易失绿和干枯。植株抗寒、抗旱能力差；秆细易倒伏，麦穗结实少，秕粒多；次生根量少而短，侧根增多，根尖常分泌透明黏液，呈球形附在根尖上，缺钙严重时根尖易坏死。

图38-1　小麦缺钙叶片（鲁剑巍 摄）

发生原因：盐基饱和度低的南方酸性红壤，土壤交换性钙低的北方沙质土壤，交换性钠多、交换性钙低的盐渍土壤上，尤其是过量施用钾肥以及偏施铵态氮肥，可能影响作物对钙的吸收，易导致作物缺钙。

诊断方法：缺素症状主要表现在幼嫩器官和生长点；幼叶畸形皱缩、不易展开，且易于失绿和变干枯。

预防措施：在易缺钙的麦田，叶面喷施0.3%～0.5%的硝酸钙或氯化钙溶液或溶解1%～2%过磷酸钙的澄清溶液，每隔7～10天喷1次，每亩每次30～50千克，连喷2～3次。酸性土壤可结合基肥每亩撒施石灰50～70千克进行矫正。

39. 小麦缺镁

症状表现：缺镁植株生长缓慢，中下部叶片脉间失绿，叶脉仍呈现绿色，残留绿色斑块连接成串，状如念珠，叶缘向上或向下卷曲，有时下部叶缘出现不规则的褐色焦枯，后期叶片常枯萎（图39-1）。随着缺镁症状的发展，缺镁症状逐渐向上部叶片发展，严重缺镁时，植株发育迟缓，影响植株开花结实。

图39-1　小麦抽穗期缺镁症状（鲁剑巍 摄）

发生原因：盐基饱和度低的酸性土壤或交换性钙含量低的沙质土壤上，尤其是过量施用钾肥以及偏施铵态氮肥时，易诱发作物缺镁。

诊断方法：对光观察中、下位老叶，脉间残留绿色小斑排列成念珠状串状图形，另外缺镁褪绿部位趋于白化失绿，后期可出现橘黄色、紫色等杂色，与缺钾的以黄化间杂褐色为主的失绿不同。

预防措施：作为预防，酸性缺镁土壤，以基肥施用含镁石灰、钙镁磷肥、钢渣磷肥等含镁肥料或土壤调理剂为宜。石灰性土壤缺镁可每亩基施硫酸镁10～15千克。当出现缺镁症状时，以叶面喷施硫酸镁、氯化镁、硝酸镁为宜，浓度1%～2%，每亩用量30～50千克，连续喷洒2～3次。

40. 小麦缺硫

缺硫症状：缺硫与缺氮均呈现植株叶色变淡的现象（图40-1，图40-2，图40-3），但缺硫症状首先出现在新叶上，且其症状较老叶更加明显。一般情况下，叶片失绿呈均匀的脉间失绿现象，严重缺硫时，叶片也会出现褐色斑点。植株矮小，成熟延迟。

图40-1　苗期小麦缺硫症状
（王朝晖 摄）

发生原因：（1）土壤有效硫较低、质地较轻的土壤上。（2）多雨地区，土壤硫素流失较多。（3）高产体系，作物从土壤中带走大量硫养分而又得不到及时的补充。（4）生产中施用不含硫的肥料所占比例增加，造成土壤硫素补充数量减少。

诊断方法：看叶色、失绿特征和失绿叶片所处部位。缺硫小麦新叶黄化，失绿均匀，不似缺氮最先发生在老叶上。

预防措施：（1）平时可增施有机肥，注意施用过磷酸钙、硫酸钾等含硫肥料。（2）对已缺硫的麦田可额外每亩施1～2千克硫黄粉或5～10千克石膏粉，结合耕地翻入土壤。（3）如在作物生长

图40-2　拔节期小麦缺硫症状
（鲁剑巍　摄）

图40-3　小麦缺硫（左）与施硫对
比（鲁剑巍　摄）

过程中发现缺硫，叶面喷施1%的硫酸铵、过硫酸钙或硫酸钾等含硫肥料。

41. 小麦缺锰

症状表现：缺锰时初期叶片上与叶脉平行出现灰白色或黄白色斑点，随时间推移逐渐扩大，连接呈浸润状；严重缺锰时叶片上出现黑褐色细小斑点，新叶脉间褪绿黄化，褐斑变为线状，叶变薄下披。缺锰植株生长缓慢，植株瘦小，无分蘖或分蘖很少，严重时会延迟抽穗，小花发育不良，影响小麦结实；根系不发达，有的变褐、变黑死亡（图41-1）。

发生原因：（1）一般在质地轻、有机质含量少、通透性良好的

图41-1　小麦苗期（左）和穗期（右）缺锰症状（鲁剑巍　摄）

石灰性土壤易发生缺锰现象。（2）一次性施用石灰量过大、水旱轮作田在水改旱后也容易缺锰。（3）春季干旱会诱发缺锰。

诊断方法：从单个叶片失绿早期的症状看，与缺镁很相似，但缺镁失绿先从基部叶开始，缺锰则从中上部叶开始。另外缺镁出现的失绿斑点较小，失绿后叶片残留绿色部分呈念珠状，与缺锰时出现的失绿症状有所不同。

预防措施：（1）增施有机肥，促进锰的还原，增加其有效性。（2）在缺锰土壤上，每亩可施用硫酸锰1千克，或在小麦苗期、齐穗期、初花期各喷施一次0.1%～0.2%的硫酸锰溶液，其中苗期每亩用量20～30千克，中后期每亩用量50～60千克。

42. 小麦缺锌

症状表现：心叶叶片主脉两侧失绿，由绿变黄、变白，但边缘仍保持绿色，形成黄白绿相间的条带，条带边缘清晰；随着缺锌发展，下部老叶呈水渍状干枯死亡，叶片寿命缩短；麦苗春季返青迟，拔节困难，植株节间缩短，抽穗延迟，严重时小麦不能抽穗，影响到麦穗的形成（图42-1）；穗小、粒少、千粒重降低，影响产量。根系变黑，麦苗干枯死亡。

发生原因：中性与微碱性土壤上，或土壤腐殖质含量较高时容易出现缺锌现象，施用过量磷肥、钾肥时会抑制锌的吸收，易导致缺锌。

诊断方法：叶片主脉两侧失绿，呈黄白绿相间的条带。

图42-1　小麦拔节期（左）和抽穗期（右）缺锌症状（鲁剑巍 摄）

预防措施：（1）在缺锌土壤上，或施用较多的磷肥和钾肥时，注意配合施用锌肥，可作为底肥每亩施用硫酸锌1千克；或在小麦苗期，每亩用硫酸锌1千克，兑细干土或有机肥15～20千克，开沟施于行间，愈早效果愈好。（2）在小麦苗期、拔节期或抽穗后或植株出现缺锌症状时，喷施0.2%～0.5%硫酸锌溶液，苗期每亩用量20～30千克，中后期每次用量50～60千克。

43. 小麦缺钼

症状表现：中上部叶片褪绿黄化，叶片疲软；老叶叶尖沿叶脉平行出现细小的白色斑点，逐渐向基部发展，连成线或片状斑块；严重者黄化部分变褐，叶缘上卷、进而干枯。植株分蘖减少或不分蘖、分蘖枯死；新根发生少。发育延迟，抽穗不整齐，成熟期推迟（图43-1，图43-2）。

发生原因：黄土和黄河冲积物发育的各种石灰性土壤，淋溶性强的沙性土壤，有机质含量过高的土壤，有效钼含量较低，容易发生缺钼状况。另外，在缺钼的土壤上，如果同时施用了较多的氮肥，在冬季和早春低温季节也易表现缺钼症状。

诊断方法：远看麦田黄化，似缺氮；近看中上部叶失绿黄化，老叶自叶尖沿叶脉平行出现细小的白色斑点或线状、片状斑块，严重时变褐，叶缘上卷，与缺氮症状有异。

图43-1　小麦缺钼叶片症状
（鲁剑巍 摄）

图43-2　小麦缺钼整株表现
（鲁剑巍 摄）

预防措施：（1）钼酸铵拌种：每千克种子用钼酸铵2克，先把钼酸铵用少量温水溶解，同种子一起在容器中搅匀，在阴凉的地方晾干播种，该方法最为经济有效。（2）在苗期至扬花期用0.02％～0.05％钼酸铵溶液喷施，每亩用量50千克。（3）酸性土地，施用石灰提高土壤pH，可增加钼有效性。

44. 小麦缺硼

症状表现：生长早期缺硼严重时植株矮小，上部新叶呈暗绿或紫色，叶片变小变硬，顶端分生组织死亡，形成"顶枯"；分蘖不正常，抽穗延迟，有时会出现边抽穗边分蘖，甚至不能抽穗的现象。轻度缺硼情况下，在开花前植株生长正常，在营养体上无明显的症状，但开花后才表现生长异常，表现为开花期雄蕊发育不良，花药瘦小空瘪、不易开裂和散粉，花粉数量少、无花粉或发育畸形，颖壳张开，麦穗透亮，后期枯萎，出现为"穗而不实"现象（图44-1）。

发生原因：在由花岗岩、片麻岩等母质发育的土壤，以及黄绵土、褐土、棕壤等土壤上，有效硼含量低，易缺硼。酸性土壤如过量施用石灰或含游离碳酸钙较高的石灰性土壤，也易缺硼。另外，耕层浅、有机质少的沙质土壤，施用氮肥过多时，或在遭遇低温、干旱时，小麦也易于出现缺硼症状。

诊断方法：顶叶卷缩，出现顶枯，或开花后花药瘦小、空瘪不开裂，不散粉，花粉少或畸形，抽穗后颖壳张开。

预防措施：（1）硼肥作基肥：每亩用硼肥（硼砂或硼酸）0.2～0.5千克拌入基肥中或干细土中施入，后效可维持3～5年，注意施用要均匀，以免局部浓度过高产生毒害。（2）硼肥作追肥：宜早不宜迟，

图44-1　缺硼植株的麦穗（左）和正常植株的麦穗（右）（鲁剑巍 摄）

早可在小麦分蘖期至拔节期进行，最迟不超过抽穗期，叶面喷施 0.05%～0.2%硼砂或0.02%～0.1%硼酸溶液，每亩用量30～50千克。

45. 小麦硼中毒

症状表现：小麦出苗延迟；从叶尖部向叶基部退绿，并出现红褐色斑点状或条状斑块，老叶枯黄；植株矮化，分蘖受到抑制，穗数减少，退化小穗增多，千粒重降低；抽穗、成熟期提前。

发生原因：（1）在内陆干旱区或滨海盐土区水溶性硼含量较高的土壤上，可能会产生硼毒害。（2）使用含硼较高的灌溉水进行灌溉，也可能造成硼的中毒。（3）土壤施用或通过叶面喷肥使用过量的硼肥。

诊断方法：主要在老叶的叶尖部和叶边缘先出现黄化现象，逐渐变枯黄。

预防办法：（1）如果土壤施用量过高，可通过向土壤中施加锌、钙、硅和磷以减少小麦对硼的吸收或增加植物对硼毒的耐性而降低硼的毒害。（2）如果叶面施肥造成硼过量，可通过叶面喷施0.2%硝酸钙水溶液或其他钙肥的方式来缓解。

46. 小麦缺铁

症状表现：缺铁小麦植株生长不良，叶色黄绿，嫩叶出现白色斑块或呈条纹状花叶，越是上部幼叶症状表现越明显（图46-1），缺铁严重时心叶抽不出，生育延迟，甚至影响抽穗。

图46-1 小麦苗期缺铁黄化现象
（鲁剑巍 摄）

发生原因：在通气良好，富含钙质的石灰性土壤上，或施用石灰过量的土壤上，影响了土壤铁的有效性或影响了植株对铁的吸收，容易出现缺铁。

诊断方法：远看麦田发黄，近看新生部位叶片黄化较重，有的甚至呈黄白色，叶尖、叶缘也会逐渐枯萎，但生长点并不死亡，与缺硫黄化不同，后者单个叶片黄化均一，而缺铁叶片黄化常呈斑块或呈条纹状失绿。

预防措施：易发生缺铁的田块，注意增施有机肥和生理酸性肥料，及时灌溉。如发现缺铁，及时用0.2%～0.3%硫酸亚铁溶液进行叶面喷施，连续喷洒2～3次。

47. 小麦缺铜

症状表现：缺铜时，顶叶易失绿变灰黄色（图47-1），老叶易在叶舌处折断或弯曲，叶尖易枯萎并呈纸捻状卷曲，叶鞘下部常出现灰白色斑点或条纹，严重时叶片死亡。拔节前后植株对缺铜较为敏感，中度缺铜时即会出现植株拔节延缓、节间缩短、植株变矮的现象；抽穗后植株对缺硼最为敏感，轻度缺硼即会出现小穗不孕，严重时麦穗大小不一、穗形扭曲或不能抽穗，甚至死亡。

发生原因：富含 CO_2、碳酸和含钙多的土壤，或施用较多的磷肥，可因生成铜的磷酸盐、碳酸盐和氢氧化物从而妨碍铜的吸收，导致缺铜。另外当氮肥施用过多，也不利于铜的吸收而可能造成缺铜。

诊断方法：远看麦田呈灰绿色，近看叶片黄化以上部叶片表现为重，老叶易在弯曲叶舌处折断，叶尖易枯萎并呈纸捻状卷曲枯死。在抽穗期常出现小穗不孕、穗型扭曲或不能抽穗现象。

预防措施：易发生缺铜的田块，注意增施有机肥，尽量选择施用酸性或生理酸性肥料，或每亩施用硫酸铜

图47-1　缺铜小麦苗期叶片表现（鲁剑巍 摄）

1千克，随基肥施入土壤，或用硫酸铜按种子量的0.2%～0.3%拌种。如生长过程中出现缺铜现象，及时叶面喷施0.2%～0.4%硫酸铜溶液。

48. 小麦铜中毒

症状表现：根系伸长受到抑制；麦苗瘦弱，分蘖少或不分蘖；植株下部叶片失绿发黄，旗叶和上部叶片颜色浅绿或有黄绿相间的条纹，抽穗推迟，成熟晚。

发生原因：（1）工业污染。含铜废水、废渣等污染，使土壤铜含量超标，导致作物出现铜中毒。（2）施肥不当。铜肥用量过大，或施用铜含量较高的污泥，城市生活垃圾等，也易引起小麦铜中毒。

诊断方法：根据植株叶色、土壤环境条件并结合管理措施综合诊断。

预防措施：（1）严格监控工业"三废"排放，慎用含铜有机废弃物、城市生活垃圾、污泥等含铜废弃物作有机肥料施用，防止其对土壤的污染。（2）根据土壤供铜能力和作物的需铜特性，确定铜肥适宜施用量、施用方法及施用周期等，防止铜肥施用过量。

49. 小麦缺氯

症状表现：缺氯时自老叶叶尖开始出现失绿发黄现象，叶片上亦有点状斑块，叶形变小，叶缘萎蔫（图49-1），最后呈青铜色并干枯；根系伸长受到抑制，根细而短，侧根少，尖端凋萎；严重时导致根和茎部出现病害，全株萎蔫，产量下降。

图49-1　小麦轻度缺氯症状（鲁剑巍 摄）

发生原因：降雨量大的地区，氯易于流失，容易缺氯。

诊断方法：从叶

片、根系表现综合判断。叶尖失绿发黄，叶片上有较多的点状斑块，并有萎蔫现象，根系不发达，尖端凋萎。

预防措施：施用含氯化肥，如氯化铵、氯化钾和氯化钙以及人粪肥等，均可使缺氯症状缓解。

此外，小麦氯素过量也会发生氯中毒症状，主要表现为：叶缘似烧伤，叶片发黄及脱落。如小麦、大麦、黑麦等是在 2 ~ 5 叶期，大多数作物对氯中毒有一定的敏感期。通常中毒发生在某一较短的时间内，而且有时症状仅仅发生在某一叶层的叶片上。敏感期后，症状趋于消失，生长也能恢复正常。

50. 麦田有机肥施用不当

症状表现：远看麦苗成片状黄化，近看小麦幼苗老叶黄化甚至干枯，但新叶生长正常，有的整株死亡。裸露的土壤上分布着与土壤颜色不一致的有机肥团（图50-1，图50-2）。

发生原因：由有机肥施用过量、施用未腐熟有机肥或有机肥施用不均匀引起。

诊断方法：田间景观小麦黄化成片状；黄化小麦行间有未散开的有机肥团。

图50-1　有机肥施用不当的麦田　　　图50-2　施用未腐熟有机肥造成小
　　　　（谢迎新 摄）　　　　　　　　　　　　麦根系为孢囊线虫所危害
　　　　　　　　　　　　　　　　　　　　　　（右）（谢迎新 摄）

预防措施：施用腐熟有机肥或尽可能施用颗粒状的有机肥；有机肥如结块一定要打散后、撒匀后翻入土壤。及时浇水，并在浇水后及时中耕松土来补救。

51. 麦田黄褐土酸化

症状表现：土壤板结，部分土壤表面出现红色颗粒（图51-1，图51-2）。小麦苗期植株矮小，分蘖少，群体过小，田间裸露（图51-3，图51-4）。进入小麦拔节期后，整体生长参差不齐，断垄严重；不间断性地出现小麦叶片干枯、慢死；下部叶片黄化，植株生长迟缓并逐渐死亡；根系弯曲卷缩、发黄，呈铁锈色，根系活力差，难以下扎；植株矮小，分蘖少，整体群体偏低（图51-5，图51-6）。成熟期小麦成穗数低，玉米植株瘦小（图51-7）。

发生原因：土壤酸化严重，0～20厘米表层土壤pH平均5.0（4.5～5.5）左右，20～40厘米亚表层土壤pH比表层高0.62；土壤酸化状态下土壤磷活性增强，土壤有效磷偏高，表层土壤有效磷32.9～92.1毫克/千克，平均为55.6毫克/千克，为当地正

图51-1 土壤酸化的麦田（寇长林 摄）

图51-2 酸化土壤表面出现红色颗粒（寇长林 摄）

图51-3 严重酸化田苗期小麦（寇长林 摄）

图51-4 酸化田苗期麦株矮小
（寇长林 摄）

图51-5 酸化田拔节期小麦逐渐黄化
死亡（寇长林 摄）

图51-6 酸化田拔节期小麦根系卷曲
（寇长林 摄）

图51-7 酸化田成熟期小麦穗少穗小
（尹钧 摄）

常含量的2～6倍，严重影响小麦正常生长。

诊断方法：取土测定土壤pH，如表层土壤pH在5.5以下，小麦生长较弱，表现出上述症状，即为土壤酸化危害。

防治措施：（1）深耕深翻，减轻表土层酸化程度。（2）注意减少化学氮肥投入，特别是注意减少"双氯"肥料投入。（3）增加有机肥投入和秸秆粉碎深耕还田。（4）对已出现酸化土壤增加土壤调理剂施用。如发现问题提前防治，避免造成严重后果。

52. 麦田土壤湿板和盐害

症状表现：通常表现为麦苗根系生长慢，数量少，根粗而短，吸收能力弱，分蘖出生慢，并往往伴有脱肥症；盐碱危害重的地块，常出现成片的紫红色的"小老苗"，幼苗基部1～2片叶黄化干枯，严重时，幼苗点片枯死、植株细小和缺株断垄，甚至大面积死亡；有的因高浓度盐碱而诱导缺磷，出现紫红色小老苗（图52-1）。

图52-1　盐碱地小麦生长景观〔韩燕来 摄〕

发生原因：（1）土壤湿度过高，造成土壤通气不良，影响根系呼吸作用。（2）土壤容重过高（通常高于1.5），影响了根系生长和下扎。（3）土壤含盐量高于0.3%以上，由于渗透压过高，造成作物"生理干旱"。

诊断方法：结合植株生长和土壤环境条件综合判断。

预防措施：（1）挖沟排水降低地下水位。（2）用淡水洗盐，客土（好土）压盐。（3）注意平整土地，合理耕翻，秸秆覆盖，防止高处聚盐。（4）适期播种，躲开地表积盐返盐高峰季时节。（5）注意增施有机肥改良土壤结构，增施磷肥提高植物耐盐能力。（6）注意补施中、微量元素。

第三部分　病虫草害所致生长异常

　　小麦生长发育过程中，经常会发生多种病虫草害，严重影响小麦的正常生长与产量形成。按病害发生的部位不同可分为叶部病害、根茎病害、穗部病害和全株性病害。叶部病害主要有条锈病、叶锈病、叶枯病等；根茎病害主要有纹枯病、全蚀病、根腐病、茎基腐病、胞囊线虫病等；穗部病害主要有赤霉病、黑穗病、黑胚病、颖枯病等；全株性病害主要有黄矮病、丛矮病、小麦黄花叶病等。小麦生长发育过程中的害虫主要有金针虫、蚜虫、黏虫、麦叶蜂、吸浆虫和麦蜘蛛等。麦田杂草也是影响小麦正常生产的重要因素，麦田杂草大量生长，与小麦争夺水分、养分、阳光等，造成小麦生长不良，甚至严重减产，麦田常见的杂草主要有野燕麦、节节麦、播娘蒿、看麦娘、早熟禾、打碗花等。准确识别小麦各种病虫草害危害特点，采取多种有效的综合防治技术，才能控制病虫草害的发生与危害，保证小麦健壮生长。本部分列举了51种常见的病虫草害。

53. 小麦条锈病

症状特点：在小麦全生育期均可发生，主要危害叶片。小麦叶片受害后，表面出现小的褪绿斑，随后产生黄色疱状夏孢子堆，后期产生黑色的疱状冬孢子堆。条锈病夏孢子堆小，长椭圆形，在成株上沿叶脉排列成行，呈虚线状，但是幼苗期不排列成行（图53-1，图53-2）。

识别要点：在成株小麦叶片上鲜黄色夏孢子堆沿叶脉呈虚线状。

病原特征：病原为条形柄锈菌 *Puccinia striiformis* f. sp. *tritici*，属担子菌门柄锈菌属。夏孢子堆长椭圆形，橙黄色。夏孢子单胞、球形，表面有细刺，鲜黄色；冬孢子双胞，棍棒形，顶部扁平或斜切；分隔处稍缢缩，褐色。

主要防治技术：以抗病品种为主，药剂防治和栽培措施为辅的综合防治原则。（1）抗病品种合理布局：在小麦锈病的越夏区和越冬区分别种植不同抗源类型的小麦品种，实行抗锈基因合理布局，抗性较好的品种有新麦26、郑麦9962、新麦23、太空7号等。（2）栽培防治：避免早播，减轻秋苗发病；越夏区要消灭自生麦苗，减少越夏菌源的积累和传播；早春镇压，增施磷钾肥，氮、磷、钾肥合理搭配施用，有利于增强麦株抗锈病能力。（3）药剂防治：用三唑酮、烯唑醇、戊唑醇等杀菌剂拌种，可兼防小麦全蚀病、纹枯病；

图53-1　小麦条锈病叶（李洪连 摄）

图53-2　小麦条锈病株
（李洪连 提供）

在小麦旗叶伸长至抽穗期，病叶率为5%～10%时，及时进行喷药防治，常用药剂为三唑酮、烯唑醇、丙环唑、戊唑醇等。

54. 小麦叶锈病

症状特点：在小麦全生育期均可发生，主要危害叶片。叶片受害，产生许多散乱的、不规则排列的圆形至长椭圆形的橘红色夏孢子堆，表皮破裂后，散出黄褐色夏孢子粉。夏孢子堆较条锈病菌大，多发生在叶片正面。后期在叶背面散生椭圆形黑色冬孢子堆（图54-1，图54-2）。

识别要点：受害小麦叶片上产生圆形至长椭圆形的橘红色夏孢

图54-1 小麦叶锈病叶（李洪连 摄）　图54-2 小麦叶锈病株（李洪连 摄）

子堆，不规则散乱排列。

病原特征：病原为隐匿柄锈菌 *Puccinia recondita* f. sp. *tritici*，属担子菌门柄锈菌属。夏孢子单胞，球形或近球形，黄褐色，表面有微刺；冬孢子双胞，棍棒状，上宽下窄，顶部平截或稍倾斜，暗褐色。

主要防治技术：同"53.小麦条锈病"防治技术。

55. 小麦白粉病

症状特点：在小麦全生育期均可发生。主要危害叶片和叶鞘，通常叶正面病斑多于叶背，下部叶片较上部叶片受害重。病部初产生黄色小点，而后逐渐扩大为圆形或椭圆形病斑，上面生白色粉状霉层，后期霉层变为灰白色或浅褐色，其上生有许多黑色小点（闭囊壳）。病斑可愈合成片，并导致叶片发黄枯死（图55-1，图55-2）。

识别要点：发病部位产生白色粉状霉层，颜色由白转暗，后期霉层上产生小黑点。

病原特征：病原为禾本科布氏白粉菌小麦专化型 *Blumeria graminis* (DC.) Speer，属子囊菌门布氏白粉菌属。分生孢子卵圆形，单胞，无色。闭囊壳球形至扁球形，暗褐色至黑色，附属丝短丝状。闭囊壳内含有子囊9～30个，子囊卵形至长圆形，内含8个子囊孢子。子囊孢子卵形至椭圆形，单胞，无色。

主要防治技术：（1）选用抗病品种：抗性较好的品种有豫麦34、豫麦18、郑麦9023、郑麦004、周麦16、周麦19、偃展4110等。（2）减少菌源：麦收后应深翻土壤、清除病株残体；消灭自生麦苗，以减少菌源，降低秋苗发病率。（3）农业防治：适期适量播种，控制田间群体密度，以改善田间通风透光，减少早春分蘖发病；根据土壤肥力状况，控制氮肥用量，增加施有机肥和磷钾肥，避免偏氮肥造成麦苗旺长而感病；合理灌水，降低田间湿度，如遇干旱及时灌水，促进植株生长，提高抗病能力。（4）药剂防治：播种期采用三唑酮或戊唑醇拌种能有效抑制苗期白粉病的发生，同时兼治条锈

图55-1　小麦白粉病叶（孙炳剑 摄）

图55-2　小麦白粉病株（孙炳剑 摄）

病和纹枯病等根部病害；在春季发病初期病情指数在1%以上或病叶率达到10%时，要及时喷药防治，常用药剂有三唑酮、烯唑醇、丙环唑、戊唑醇等。

56. 小麦叶枯病

小麦叶枯病是引起小麦叶斑和叶枯类病害的总称。目前在我国各产麦区以雪霉叶枯病、蠕孢叶枯病、链格孢叶枯病、壳针孢类叶枯病等为主。

症状特点：

雪霉叶枯病：幼苗至灌浆期危害，危害幼芽、叶片、叶鞘和穗部，造成芽腐、叶枯、鞘腐和穗腐等症状，以叶枯为主。病斑初为水渍状，后扩大为近圆形或椭圆形大斑，直径1～4厘米，边缘灰绿色，中央污褐色，多有数层不明显轮纹。叶片上病斑较大或较多时即可造成叶枯。病斑表面常形成砖红色霉层，有时产生黑色小粒点（子囊壳）（图56-1）。

蠕孢叶枯病：苗期至收获期危害，危害叶片、根部、茎基部、穗部和籽粒，造成苗腐、叶枯、根腐、穗腐和黑胚，早期在叶片上形成褐色近圆形或椭圆形较小病斑。成株期形成典型的淡褐色梭形叶斑，周围常有黄色晕圈。病斑相互愈合形成大斑，使叶片干枯。潮湿时病斑上可产生黑色霉层（图56-2）。

链格孢叶枯病：小麦生长中后期，主要危害叶片和穗部，造成

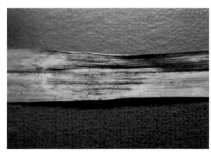

图56-1　小麦雪霉叶枯病（李洪连 摄）

图56-2　小麦蠕孢叶枯病（李洪连 摄）

叶枯和黑胚症状，初期在叶片上形成较小的黄色褪绿斑，后扩展为中央呈灰褐色、边缘黄褐色长圆形病斑。病斑在适宜条件下可愈合形成不规则大斑，造成叶枯，潮湿时病斑上可产生灰黑色霉层（图56-3）。

壳针孢类叶枯病：小麦生长中后期，主要危害叶片和穗部，造成叶枯和穗腐，初形成淡褐色卵圆形小斑，扩大后形成浅褐色近圆形或长条形，亦可互相连结成不规则形较大病斑。一般下部叶片先发病，逐渐向上发展，重病叶常早枯，病斑上密生小黑点，为病菌的分生孢子器（图56-4）。

病原特征：

小麦雪霉叶枯病菌：有性态为 *Monographella nivalis*，子囊壳埋生，球形或卵形，顶端乳头状，有孔口，内有侧丝；子囊棍棒状或圆柱状；子囊孢子纺锤形至椭圆形，无色，1～3个隔膜。无性态为 *Microdochium nivale*，病菌分生孢子无色，镰刀形，两端尖细，无脚胞，多为1个或3个隔膜；分生孢子梗短而直，棍棒状，无隔，产孢细胞瓶状或倒梨形，有环痕。

蠕孢叶枯病菌：有性态为禾旋孢腔菌 *Cochliobolus sativus*，属子囊菌门旋孢腔菌属；无性态为 *Bipolaris sorokiniana*。形态特征见小麦根腐病菌。

链格孢叶枯病菌：为小麦链格孢 *Alternaria triticina*，属链格孢属。病部霉层为病原菌的分生孢子梗和分生孢子。分生孢子梗单生或丛生，直立，黄褐色，从气孔伸出；分生孢子单生或2～4个串

图56-3　小麦链格孢叶枯病（李洪连 摄）

图56-4　小麦壳针孢类叶枯病
（李洪连 摄）

生，褐色，卵圆形或椭圆形，喙较短，1～10个横膈膜，0～5个纵膈膜。

壳针孢类叶枯病菌：为小麦壳针孢 *Septoria tritici* 和颖枯壳多孢 *Stagonospora nodorum*，分别属于壳针孢属和壳多孢属。小麦壳针孢分生孢子器生于寄主表皮下，黑褐色，球形，端有孔口，孔口小，微突出。大型分生孢子无色，细长，微弯曲，两端圆，有3～5个膈膜，数量多；小型分生孢子单胞，微弯，细短，无色，数量少。颖枯壳多孢分生孢子器球形，黑褐色，顶端具孔口，分生孢子圆筒形或长椭圆形，无色，1～3个膈膜，分隔处稍缢缩。

主要防治技术：(1) 使用无病种子：由于多种叶枯病都可以种子带菌，使用健康无病种子，减少菌源，可减轻病害发生。(2) 农业防治：适期适量播种；施足底肥，氮磷钾配合使用，以控制田间群体密度，改善通风透光条件；忌大水漫灌；麦收后要翻耕，加速病残体腐烂。(3) 选用抗病和耐病品种：在东北地区发现华东3号、93系列品系对小麦根腐叶枯病抗病性较好，河南省发现冀5418、藁麦8901、国引2号、郑麦9405、中育8号叶枯病较轻。(4) 药剂防治：用咯菌腈、福美双、三唑酮拌种，可兼防小麦纹枯病和根腐病；雪霉叶枯病可使用三唑酮、烯唑醇、甲基硫菌灵和多菌灵；防治其他叶枯病可用丙环唑、代森锰锌或百菌清等药剂。

57. 小麦纹枯病

症状特点：在小麦全生育期均可发生。主要危害叶鞘和茎秆，可造成烂芽、病苗死苗、花秆烂茎、倒伏、枯孕穗等多种症状。出苗期侵染幼芽造成烂芽，苗期侵染基部叶鞘形成中间灰色、边缘褐色的云纹状病斑，严重的造成死苗；拔节期云纹状病斑逐渐扩大，连接成片，形成花秆；后期，病菌向内侵入茎秆，在茎秆上形成梭形病斑，纵裂，后聚合形成烂茎，容易造成倒伏；发病严重的主茎和大分蘖常抽不出穗，形成"枯孕穗"，有的虽能够抽穗，但结实减少，籽粒秕瘦，形成"枯白穗"。田间湿度大时，病叶鞘内侧及茎秆上可见蛛丝状白色的菌丝体，后期形成褐色的菌核（图57-1，图57-2）。

图57-2　小麦纹枯病（成株期，李洪连 摄）

图57-1　小麦纹枯病（苗期，李洪连 摄）

识别要点：叶鞘上产生中央灰白、边缘褐色的病斑，茎秆上形成云纹状病斑，病株可见黄褐色的菌核。

病原特征：病原主要为禾谷丝核菌*Rhizoctonia cerealis*，少数为立枯丝核菌*Rhizoctonia solani*，均属于半知菌类丝核菌属。病菌以菌丝和菌核的形式存在，不产生分生孢子。菌丝多分枝，分枝处呈直角或锐角，分枝处缢缩，分枝附近常产生隔膜。禾谷丝核菌的菌丝较细，多分隔，每细胞含两个核，菌核较小，色泽较浅；立枯丝核菌菌丝细胞多核，菌核色泽较深，菌丝生长较快，较粗。

主要防治技术：小麦纹枯病的防治以改善农田生态条件为基础，结合药剂防治。（1）种植抗（耐）病品种：抗性较好的品种有郑麦9023、豫麦57号、豫麦34号、麦18、偃展4110等。（2）农业防治：重病地块适期晚播，控制播量，做到合理密植；平衡施用氮、磷、钾肥，避免大量施用氮肥，小麦返青期追肥不宜过重，高产田块应适当增施有机肥；合理灌溉，忌大水漫灌。（3）药剂防治：采用苯醚甲环唑、咯菌腈和戊唑醇等播期拌种，可有效防治纹枯病，同时兼治根腐病和白粉病；在春季返青拔节期病株率10%～15%时，及时喷药防治，所用药剂为烯唑醇、三唑酮。

58. 小麦全蚀病

症状特点：在小麦苗期至成株期均可发生，以成熟期症状明显。主要危害小麦根、叶鞘与近基部一二节茎秆。苗期受害，根部变黑腐烂，病苗叶片黄化，分蘖减少，生长衰弱，严重时死亡。拔节后茎基部 1～2 节叶鞘内侧和茎秆表面在潮湿条件下形成肉眼可见的黑褐色菌丝层，称为"黑脚"。灌浆期病株常提早枯死，形成"枯白穗"。在潮湿情况下，病株基部叶鞘内侧生有黑色颗粒状物，为病原菌的子囊壳（图58-1，图58-2，图58-3）。

识别要点：小麦根部变黑腐烂，茎基部叶鞘内侧和茎秆表面有黑褐色菌丝层，称为"黑脚"，叶鞘内侧生有黑色颗粒状物。

病原特征：有性态为禾顶囊壳 *Gaeumannomyces graminis*，属子囊菌门顶囊壳属。病菌匍匐菌丝褐色粗壮、多呈锐角分支、在主支和侧支交界处各产生一横隔形成"∧"形的菌丝体。匍匐菌丝聚集在一起，在寄主根茎和叶鞘表面形成网纹。子囊壳黑色，球形或梨形，顶部有一稍弯的颈。子囊无色，棍棒状，子囊内有8个平行排列的子囊孢子。子囊孢子无色、线状稍弯曲。

主要防治技术：（1）加强种子检疫，保护无病区：加强小麦

图58-2 小麦全蚀病（成株期，李洪连 摄）

图58-1 小麦全蚀病（苗期，李洪连 摄）

图58-3　小麦全蚀病（田间危害状，李洪连 摄）

产地检疫，确保繁种田无病种子的生产；无病区严禁从病区调运种子，不用病区麦秸作包装材料外运；从病区调进种子要严格检验。（2）种植抗（耐）病品种：目前无免疫和高抗品种，抗性较好的品种有科优1号、豫展9705、豫58-998、高优505、豫麦49号、贵农775、烟农15号、烟农25号、济南13号等品种（系）。（3）农业防治：增施有机肥和磷钾肥，提高有机质含量，提高小麦抗病性；零星发病区，要及时拔除病株，就地烧毁；清除病残体，降低田间初侵染源；对发病田如采取留高麦茬（16厘米以上）收割，以防机械作业传播；对于发病严重的地块，合理轮作倒茬，可推行与其他作物如大豆、油菜、棉花、甘薯等作物轮作。（4）生物防治：荧光假单胞菌、木霉菌等对小麦全蚀病菌均有一定抑制作用，生防菌剂蚀敌、消蚀灵均有防效。（5）药剂防治：播种期用硅噻菌胺、苯醚甲环唑、咯菌腈、烯唑醇、扑力猛等进行种子处理；播种前选用多菌灵、三唑酮、三唑酮进行土壤处理；在小麦返青至拔节期需用药防治，药剂为戊唑醇、烯唑醇或三唑酮等。

59. 小麦根腐病

症状特点：小麦各生育时期均能发生。可危害小麦的根、茎、叶、叶鞘、穗子及籽粒。

芽腐和苗枯：幼芽种子根变黑腐烂，胚芽鞘和胚轴产生浅褐色病斑，后变腐烂，严重时幼芽腐烂，不能出土。轻者幼苗虽可出土，但茎基部、叶鞘以及根部产生褐色病斑，幼苗瘦弱，叶色黄绿，生长不良（图59-1）。

叶斑或叶枯：叶片初期产生外缘黑褐色，中部色浅的梭形小斑，而后扩张为长纺锤形或不规则形黄褐色大斑，上生黑色霉状物（分生孢子梗及分生孢子），严重时叶片提早枯死。叶鞘上为黄褐色，边缘有不明显的云状斑块，其中掺杂有褐色和银白色斑点，湿度大，病部亦生黑色霉状物。

根腐和茎基腐：成株根系，地中茎及茎基部变黑色腐烂，腐烂部分可达茎节内部，茎基部易折断倒伏。抽穗至灌浆期，重病株枯死呈青灰色，形成白穗。拔取病株可见根毛表皮脱落，根冠变褐色并黏附土粒（图59-2）。

穗枯：在颖壳基部初生水渍状病斑，后呈褐色不规则形病斑，潮湿情况下长出一层黑色霉状物（分生孢子梗及分生孢子）。穗轴及小穗梗变褐腐烂，重者整个小穗枯死，不结粒，或结干瘪皱缩的病粒。一般枯死小穗上黑色霉层明显（图59-3）。

图59-1　小麦根腐病（苗期，
　　　　　周国友 摄）

图59-2　小麦根腐病（根腐和茎基腐，
　　　　　李洪连 摄）

图59-3   小麦根腐病（穗白枯，李洪连 摄）

黑胚粒：被害籽粒在种皮上形成不定形病斑，尤其边缘黑褐色、中部浅褐色的长条形或梭形病斑较多。发生严重时胚部变黑，故有"黑胚病"之称。

识别要点：小麦发病部位潮湿时产生黑色霉状物。

病原特征：病原有性态为禾旋孢腔菌 *Cochliobolus sativus*，属子囊菌门旋孢腔菌属；病残体上产生子囊壳，子囊无色，内有4～8个子囊孢子，螺旋状排列；子囊孢子线形，淡黄褐色，有6～13个隔膜。无性态为麦类根腐蠕孢 *Bipolaris sorokiniana*，属半知菌类平脐蠕孢属；分生孢子梗粗壮，褐色；分生孢子通常梭形，正直或弯曲，深褐色，脐点稍突出，基部平截。

主要防治技术：（1）农业防治：病田与豆类、马铃薯、油菜、亚麻、蔬菜或其他非禾本科作物实行3～4年轮作，可有效地减少土壤菌量；减少越冬菌源，麦收后及时翻耕灭茬，促进病残体腐烂，秸秆还田后要翻耕，埋入地下，促进腐烂，并及时消除田间禾本科杂草；选用耐病、轻病、适应性和抗逆性好的品种，使用饱满健康的种子；播前精细整地，施足基肥，适期播种，浅播，控制密度，培育壮苗；搞好防冻、防旱，防治地下害虫；干旱及时灌水，涝时及时排水等，均可提高植株抗病性，以减轻危害。（2）药剂防治：播种期用苯醚甲环唑、咯菌腈、戊唑醇、福美双、三唑酮、代森锰锌等进行种子处理，能有效地减轻苗期根腐病的发生；在孕穗至抽穗期用丙环唑、三唑酮、代森锰锌、福美双等喷雾防治。

60. 小麦茎基腐病

症状特点：播种期，造成种子腐烂和萌发后幼苗的枯萎。成株期，引起叶鞘、茎秆和根部变褐，节间受侵后呈褐色坏死，容易折断。受侵染植株表现出发育不良、分蘖减少、穗数减少、秕籽或者籽粒皱缩。严重的会造成白穗（图60-1，图60-2）。

识别要点：成株期植株的茎节表现出蜜棕色的褪色。在潮湿的环境下，有的病株茎节上会产生粉红色或淡橘红色的霉层。

病原特征：病原是多种镰刀菌，其中以假禾谷镰孢（*Fusarium pseudogram- inearum*）、黄色镰孢（*Fusarium culmorum*）和禾谷镰孢（*Fusarium graminearum*）为主要的病原菌。

主要防治技术：采取以选用抗、耐病品种及合理轮作等农业防治为基础，协调生物、化学防治等手段的综合防治措施。（1）种植抗病品种：生产上品种多表现为中感，甚至高感，缺乏免疫和高抗品种。（2）农业防治：在小麦生长后期及时灌溉，与十字花科（如油菜）和豆科（如羽扇豆、苜蓿、三叶草）作物轮作，合理增施锌肥均可以提高植株的活力，减轻小麦茎基腐病的发病率。（3）生物

图60-1　小麦茎基腐病（茎秆，
　　　　李洪连 摄）

图60-2　小麦茎基腐病（穗部，
　　　　李洪连 摄）

防治：用蕈状芽孢杆菌、链霉菌、枯草芽孢杆菌、木霉菌进行种子拌种或者喷雾，可以减轻黄色镰孢引起的茎基腐病的发病程度，降低谷物感染毒素的含量。(4) 物理防治：对土壤进行塑料薄膜覆盖，利用太阳能升高土壤温度，从而控制土传病原菌的种群数量，另外深耕不利于黄色镰孢的生存。(5) 化学防治：播前可用丙环唑、苯醚甲环唑、戊唑醇、顶苗新（种菌唑+精甲霜灵）、适麦丹（咯菌腈+苯醚甲环唑）进行种子处理，发病初期用甲基硫菌灵、多菌灵和苯菌灵喷雾，具有一定效果。

61. 小麦胞囊线虫病

症状特点：小麦各生育时期均能发生。主要危害小麦根部，苗期受害幼苗矮黄，分蘖明显减少，生长稀疏，形成大量干尖，严重时成片枯死。病株根分枝多而短，须根上形成根结，严重时整个根系形成须根团。拔节期病株长势弱，明显矮于健株，根部有大量根结和少量雌虫。灌浆期小麦高矮不平，根部可见白亮至暗褐色粉粒状胞囊。植株表现矮化、叶片发黄、分蘖少等营养不良症状，病株提前抽穗，成穗少、穗小粒少，产量低（图61-1，图61-2，图61-3）。

识别要点：小麦地下部根分枝多而短，形成大量根结和白亮至暗褐色粉粒状胞囊，植株表现矮化、叶片发黄等营养不良症状。

病原特征：病原主要为小麦禾谷胞囊线虫（*Heterodera avenae*），属线虫纲，垫刃线虫目，异皮线虫属。雌虫胞囊柠檬形，

图61-1 小麦胞囊线虫病（苗期，李洪连 摄）

图61-2 小麦胞囊线虫病（白雌虫，李洪连 摄）

图61-3　小麦孢囊线虫病田间危害状（李洪连　摄）

深褐色，阴门锥为两侧双膜孔型，无下桥，下方有许多排列不规则泡状突，长0.55～0.75毫米，宽0.3～0.6毫米，口针长26微米，头部环纹，有6个圆形唇片。雄虫线形，两端稍钝，长164毫米，口针基部圆形，长26～29微米；幼虫细小、针状，头钝尾尖，口针长24微米，唇盘变长与亚背唇和亚腹唇融合为一两端圆阔的柱状结构。

　　主要防治技术：（1）种植抗（耐）病品种：抗性较好的品种有太空6号、矮抗58、温麦4号、新麦19等品种（系）。（2）加强检疫防止此病扩散蔓延：从病区调进种子要严格检验，防治病原的传入。（3）农业防治：适当早播，平衡施肥，施足氮肥和磷肥，增施有机肥，改善土壤肥力，提高植株抵抗力；重病区实行轮作，与其他非禾谷类作物（油菜等）隔年或3年轮作；注意清除野燕麦等禾本科杂草，及时清理小麦跨区联合收割机上携带小麦孢囊线虫的土壤。施用土壤添加剂，控制根际微生态环境，使其不利于线虫生长和寄生。（4）药剂防治：小麦播种前进行土壤处理，常用药剂为阿维菌素、甲维盐等。

62. 小麦赤霉病

　　症状特点：小麦赤霉病在小麦各个生育时期均可发生。主要危害麦穗和茎秆。苗期侵染种子形成苗枯，成株期形成茎基腐烂、秆腐和穗腐，以穗枯危害最重。种子带菌引起苗枯症状，使根鞘及芽鞘呈黄褐色水渍状腐烂，地上部叶色发黄，重者幼苗未出土即死亡。茎基腐则主要发生于茎的基部，使其变褐腐烂，严重时整株枯死。秆腐，初发病时穗部以下 1 ～ 3 节的叶鞘上出现淡褐色病斑，节部变褐，病节以上枯黄，形成"枯白穗"。病株极易从病节处折断，严重时产生粉红色霉层。穗腐发生时通常在小穗颖壳基部出现水渍状淡褐色斑点，后逐渐扩展到整个小穗或多个小穗，小麦病小穗或病穗呈枯黄色，若穗轴或穗颈受侵染可造成"枯白穗"。病粒皱缩干瘪，变为苍白色或紫红色，有时籽粒表面有粉红色霉层，潮湿天气在颖壳合缝处或小穗基部长出粉红色黏霉层（病菌的分生孢子），后期病部出现紫黑色颗粒（子囊壳）（图62-1，图62-2）。

　　识别要点：小麦病小穗枯黄或形成"枯白穗"，潮湿天气时在颖壳合缝处或小穗基部出现粉红色霉层。

　　病原特征：有性态为玉蜀黍赤霉 *Gibberella zeae* Schw.，属于子囊菌门球壳菌目赤霉属；无性态为禾谷镰刀菌 *Fusarium graminearum* Schw.。此外，黄色镰刀菌 *F. culmorum* 和燕麦镰刀菌 *F. avenaceum* 等多种镰刀菌也可以引起赤霉病。禾谷镰刀菌大型分生孢子多为镰刀形，稍弯曲，顶端钝，基部有明显足胞。一般有 3 ～ 5 个膈膜，单

图 62-2　小麦赤霉病（病粒，
　　　　　李洪连 摄）

图 62-1　小麦赤霉病（病穗，
　　　　　孙炳剑 摄）

孢无色，聚集成堆时呈粉红色。一般不产生小型分生孢子和厚垣孢子。有性态产生子囊壳，卵圆形或圆锥形，深蓝至紫黑色，表面光滑，顶端有瘤状突起为孔口。子囊棍棒状，无色，内生8个子囊孢子，呈螺旋状排列。子囊孢子无色，弯纺锤形，多有3个隔膜。

主要防治技术：防治小麦赤霉病应采取以农业防治和减少初侵染源为基础，充分利用抗病品种，及时喷洒杀菌剂相结合的综合防治措施。(1) 种植抗（耐）病品种：抗性较好的品种有豫麦34、豫麦70、郑麦9023、百农64、偃展1号、苏麦3号等。(2) 农业防治：深耕灭茬，及时清理麦秸、玉米秸等作物残体，减少田间菌源；适期适量播种，避开扬花期遇雨和控制田间群体密度；合理施肥，增施磷钾肥，提高植株抗病力；小麦扬花期应少灌水，忌大水漫灌，多雨地区要注意排水降湿；小麦成熟后要及时收割，脱粒晒干。(3) 药剂防治：播前用多菌灵进行种子处理是防治芽腐和苗枯的有效措施，小麦返青至拔节期、抽穗至扬花前，喷施多菌灵、甲基硫菌灵、戊唑醇可有一定效果。

63. 小麦黑穗病

症状特点：小麦抽穗期开始危害，主要危害穗部。小麦黑穗病包括散黑穗病、腥黑穗病，是小麦上的重要病害。

小麦散黑穗病：带菌植株孕育病穗，但通常抽穗前不表现症状。一般病株较矮而直立，抽穗早。最初病小穗外包一层灰色薄膜，里面充满黑粉（病菌冬孢子）。成熟后破裂，黑粉飞散，仅残留穗轴（图63-1）。

小麦腥黑穗病：主要在穗部表现症状。病株一般较健株稍矮，分蘖增多；病穗短直，颜色较健穗深，初为灰绿色，后变灰黄色；病粒较健粒短而胖，因而颖片略开裂，露出部分病粒（称菌瘿），病粒初为暗绿色，后变灰黑色，如用手指微压，则易破裂，内有黑色粉末（即病菌的冬孢子），有鱼腥气味（图63-2）。

识别要点：小麦散黑穗病整穗或多数小穗的子房、种皮及颖片均变为黑粉，黑粉飞散后，仅残留穗轴。小麦腥黑穗病病株分蘖增

图63-2　小麦腥黑穗病（病籽粒和健康籽粒，李洪连 摄）

图63-1　小麦散黑穗病（病穗，李洪连 摄）

多，病粒短粗，内有黑色粉，有鱼腥气味，用手指微压，则易破裂。

病原特征：小麦散黑穗病菌有性态为散黑粉菌 *Ustilago tritici*，属于担子菌门黑粉菌属。冬孢子略呈球形或近球形，浅黄色至茶褐色，表面生有微细突起。冬孢子萌发后产生先菌丝，先菌丝四个细胞可分别长出单核分枝菌丝，但不产生担孢子。小麦腥黑穗病菌属于担子菌门腥黑粉菌属。病原主要有两种，即网腥黑粉菌 *Tilletia tritici* 和光腥黑粉菌 *Tilletia foetida*，网腥黑粉菌的冬孢子多为球形或近球形，褐色至深褐色，孢子表面有网纹。光腥黑粉菌的冬孢子圆形、卵圆形和椭圆形，淡褐色至青褐色，孢子表面光滑，无网纹。

主要防治技术：防治麦类黑穗病应采用以加强检疫和种子处理为主，农业防治和抗病品种为辅的综合防治措施。（1）加强检疫工作：小麦矮腥黑穗和印度腥黑穗病是我国的进境检疫对象，应加强检疫工作，防止病害随种子或商品粮传入我国。（2）药剂拌种和土壤处理：药剂拌种是防治小麦黑穗病最经济有效的措施，常用的药剂有三唑醇、烯唑醇、三唑酮、咯菌腈、戊唑醇、苯醚甲环唑等。（3）建立无病留种田，繁育和使用无病种子：繁留种田要与生产田隔离200米以上，播种的种子要在精选后严格进行消毒，田间管理时应注意施用无病肥，及时拔除病株等。（4）农业防治：选种抗病品种；冬麦播种不宜过迟，春麦播种不宜过早；播种不宜过深，可促进幼苗早出土，减少病菌侵染的机会而减少发病；播种时用硫酸铵等速效肥作种肥；合理轮作倒茬，降低土壤病源数量。

64. 小麦黑胚病

症状特点：小麦抽穗期发生危害，主要危害小麦籽粒。小麦黑胚病引起3种类型的症状。（1）黑胚型：由链格孢侵染引起，通常在小麦籽粒胚部或胚的周围出现深褐色的斑点，这种褐斑或黑斑为典型的"黑胚"症状。（2）花粒型：由麦类根腐德氏霉侵染引起，一般籽粒带有浅褐色不连续斑痕，其中央为圆形或椭圆形的灰白色区域，引起典型的眼睛状病斑。（3）凹陷型：镰孢霉侵染引起的症状是籽粒带有灰白色或浅粉红色凹陷斑痕。籽粒一般干瘪、重量轻、表面长有菌丝体（图64-1）。

图64-1　小麦黑胚病（病籽粒，李洪连 摄）

识别要点：小麦籽粒潮湿时或保湿情况下产生灰黑色霉层，部分产生灰白色至浅粉红色霉层。

病原特征：由多种病原引起小麦黑胚病。主要包括链格孢 *Alternaria alternata*、麦类根腐平脐蠕孢 *Bipolaros sorokiniana*、镰孢霉 *Fusariun* spp.，三者均属于半知菌类真菌。黄淮麦区病原菌主要以链格孢为主。链格孢 *Alternaria alternata* 分生孢子梗单生或成簇，淡褐色至褐色，顶端产生椭圆形或卵圆形的分生孢子，分生孢子褐色，具横、纵或斜隔膜，顶端喙较短。

主要防治技术：小麦黑胚病的防治，应以抗病品种放在首位，农业防治为基础，药剂防治为重点的综合防治措施。（1）种植抗

（耐）病品种：抗性较好的品种有豫优1号、科优1号、科优1号、豫麦47、豫麦49、国麦1号、郑麦98、郑麦11、小偃54、陕229等。（2）农业防治：选用无病种子，因病粒影响小麦种子发芽率，且后代黑胚率高，合理调节播期播量，控制田间群体密度；合理施肥，在重施有机肥的基础上，增施磷钾肥，促使植株健壮生长和提高抗病性；合理灌溉，忌大水漫灌。（3）药剂防治：播前用苯醚甲环唑、三唑酮、咯菌腈等进行种子处理；在小麦扬花灌浆期，及时用丙环唑、烯唑醇等喷药防治。

65.小麦颖枯病

症状特点：危害叶片、叶鞘、颖片。叶片病斑中央灰白色，边缘褐色，上生小褐点。护颖上产生深褐色斑点，严重时影响结实。病菌以分生孢子或菌丝体在病残体上越冬越夏；抽穗前后高温高湿有利于病害发生蔓延（图65-1）。

图65-1　小麦颖枯病（李洪连 摄）

识别要点：护颖上产生深褐色斑点。

病原特征：病原为颖枯壳多孢菌 *Septoria nodorum*，属于半知菌类真菌，分生孢子长椭圆形至圆筒形，成熟后3个隔膜。有性态属于子囊菌门颖枯球腔菌 *Leptosphaeria nodorum*。

主要防治技术：参照"56.小麦叶枯病"防治技术。

66. 小麦黄矮病

症状特点：小麦各生育时期均能发生，主要危害小麦叶片。小麦新叶从叶尖开始发黄，植株变矮。叶片颜色为金黄色到鲜黄色，黄化部分约占全叶的1/3 ~ 1/2。秋苗期感病的植株矮化明显，分蘖减少，一般不能安全越冬，即使能越冬存活，一般也不能抽穗。拔节孕穗期感病的植株较矮，病株能抽穗，但籽粒批瘦。穗期感病的植株一般只旗叶发黄，植株矮化不明显，能抽穗，千粒重减低（图66-1）。

识别要点：小麦植株矮缩，叶片从叶尖开始发黄。

病原特征：病原为黄症病毒属（*Luteovirus*）中的大麦黄矮病毒（*Barley yellow dwarf virus*，BYDV）。病毒粒体为等轴对称的正二十面体，直径26～30纳米。病毒致死温度为70℃，稀释限点为1：1 000。BYDV不能

图66-1　小麦黄矮病（李洪连　摄）

由土壤、病株种子、汁液等传播，只能由蚜虫传播。主要传毒蚜虫有麦二叉蚜、麦长管蚜、禾谷缢管蚜、麦无网长管蚜及玉米蚜等。

主要防治技术：小麦黄矮病防治采用选育抗（耐）病丰产良种为主，从治蚜防病入手，改进栽培技术，以达到防病增产的目的。（1）选用抗病丰产品种：小麦品种之间抗病性的差异比较明显，尤其是耐病性较强的品种较多，应注意选用。（2）农业防治：避免早播；清除田间杂草，减少毒源；加强肥水管理，增施有机肥，扩大水浇面积，创造不利于蚜虫繁殖、而有利于小麦生长发育的生态环境，以减轻危害。（3）药剂防治：关键抓苗前苗后治蚜防病。播前用吡虫啉、噻虫嗪药剂拌种；秋苗期药剂喷雾，重点防治未拌种的早播麦田，春季喷雾重点防治发病中心麦田及蚜虫早发麦田，可喷施吡虫啉、抗蚜威等。

67. 小麦丛矮病

症状特点：小麦各生育时期均能发生，主要危害小麦叶片。小麦上部叶片有黄绿相间的条纹，分蘖显著增多，植株矮缩，形成明显的丛矮状。秋苗期发病重的植株不能越冬。拔节后感病的植株只有上部叶片有黄绿相间的条纹，能抽穗，但籽粒秕瘦（图67-1）。

识别要点：小麦植株矮缩，分蘖增多，上部叶片有黄绿相间的条纹。

病原特征：病原为北方禾谷花叶病毒（*Northern cereal mosaic virus*，NCMV）。弹状病毒，大小为（50 ～ 54）纳米×（320 ～ 400）纳米；病毒由核衣壳及外膜组成。病毒颗粒主要分布在细胞质内，稀释限点为1 : 10 ～ 100，体外存活期2 ～ 3天。小麦丛矮病毒不经土壤、汁液及种子传播，灰飞虱是主要的传毒介体。

图67-1　小麦丛矮病（李洪连 摄）

主要防治技术：采用以农业防治为主，化学药剂治虫为辅的综合控制策略。（1）农业防治：合理安排种植制度，尽量避免棉麦间套作；所有大秋作物收获后及时耕翻灭茬，解决杂草虫害问题；适期播种，避免早播；秋播前及时清除麦田周边的杂草。（2）药剂防治：播前用吡虫啉，噻虫嗪等药剂拌种；生育期用吡虫啉、涕灭威等喷雾治虫。

68. 小麦黄花叶病

症状特点：小麦返青起身期，主要危害小麦叶片。小麦新叶最初出现断续不清的褪绿条纹，继而发展成与叶脉平行、宽窄不一的条斑或梭条斑，叶片由淡绿色逐渐变黄色，在老叶上也常出现坏死斑。感病植株矮化、分蘖减少。重病株心叶抽出时严重褪绿、黄化或扭曲畸形，分蘖萎缩枯死，甚至整株死亡。染病较晚的植株，在气温达15℃以上症状渐轻直至消失。病株成熟后穗小粒瘪（图68-1，图68-2）。

识别要点：小麦叶片出现梭条斑或叶片黄化，植株矮化。

图68-2 小麦黄花叶病
（幼苗，孙炳剑 摄）

图68-1 小麦黄花叶病（田间危害状，孙炳剑 摄）

病原特征：小麦黄花叶病毒（*Wheat yellow mosaic virus*，WYMV），属于马铃薯Y病毒科（Potyviridae）大麦黄花叶病毒属（*Bymovirus*）。病毒粒子弯曲呈线状，长度典型分布峰为275～300纳米和575～600纳米，直径13～14纳米。由禾谷多黏菌（*Polymyxa graminis*）传播。

主要防治技术：采取推广抗（耐）病丰产品种为主，加强农业栽培综合管理的防治策略。（1）选用抗病丰产品种：小麦品种之间抗病性的差异比较明显，抗性较好的小麦品种有衡观35、新麦208、豫农416、扬辐9311、宁麦9号、宁麦7号、扬辐麦4、扬辐麦5242等。（2）农业防治：适当迟播；苗期合理控制土壤水分，避免土壤中游离水过多导致带毒游动孢子随水流传播；对发病田块要及时，追施尿素或叶面肥补充营养促进植株生根、长叶，增强植株抗病能力，降低分蘖死亡率和死苗率，提高成穗率。

69. 中国小麦花叶病毒病

症状特点：小麦返青期，主要危害小麦叶片，嫩叶上呈现黄绿相间的斑驳或不规则褪绿条纹，老叶从花叶转为坏死、黄枯（图69-1）。染病较晚的植株，在气温达15℃以上症状渐轻直至消失。常与小麦黄花叶病毒病混合发生。温度达到20℃以后，症状逐渐消失。

识别要点：小麦叶片出现梭条斑，心叶卷曲，植株矮化。

病原特征：小麦黄花叶病毒（*Chinese wheat mosaic virus*，CWMV）是真菌传杆状病毒属的一个成员。病

图69-1　中国小麦花叶病（孙炳剑 摄）

毒粒子杆状，直径20纳米，长度80～360纳米，短粒子较多。由禾谷多黏菌（*Polymyxa graminis*）传播。

主要防治技术：采取"推广抗病、耐病丰产品种为主，加强农业栽培综合管理"的防治策略。

70. 小麦秆锈病

症状特点：主要发生在华东沿海、长江流域、南方冬麦区及春麦区。茎秆和叶鞘是秆锈病主要危害的部位（图70-1），也可危害叶部和穗部（图70-2）。发病部位可见长隆起的椭圆形，深褐色或褐黄

图70-1　小麦秆锈病（受害茎秆和叶鞘，董志平 提供）

图70-2　小麦秆锈病（病叶，董志平 提供）

色的夏孢子堆。夏孢子堆不规则散生，常连接成大斑，成熟后表皮开裂外翻如唇状，散出锈褐色夏孢子粉。后期产生黑色孢子堆，表皮破裂后，散出黑色锈粉状冬孢子。

识别要点：在成株小麦叶鞘和茎秆上出现唇状开裂的大红斑，散出锈褐色夏孢子。

病原特征：病原为禾柄锈菌小麦变种*Puccinia graminis* f. sp. *tritici*，属担子菌门柄锈菌属。夏孢子单胞，椭圆形，暗橙黄色，表面生有棘状突起，中腰部有发芽孔4个。冬孢子双胞，棍棒形至纺锤形，顶端壁略厚，圆形或稍尖，柄长。

主要防治技术：选择抗秆锈的品种，其他防治技术同"53.小麦条锈病"防治技术。

71. 小麦蓝矮病

症状特点：冬前小麦无症状，拔节后，病株明显矮缩，节间越往上越矮缩，呈套叠状，基部叶片增生、变厚、呈暗绿色至绿兰色，叶片挺直光滑，心叶多卷曲变黄后坏死。成株期，上部叶片形成黄色不规则的宽条带状，多不能正常拔节或抽穗，即使能抽穗，则穗呈塔状退化，穗短小，向上尖削（图71-1）。

识别要点：叶色浓绿，病株矮化，呈现"蓝矮"，心叶扭曲，一般不抽穗。

图71-2　沙条叶蝉（小麦蓝矮病传播介体，吴云峰 摄）

图71-1　小麦蓝矮病（吴云峰 摄）

病原特征：病原为植原体，电镜下呈球形、椭圆形、哑铃状、蝌蚪状等。

主要防治技术：选育抗病品种；加强田间管理防除杂草；黑光灯诱杀传毒介体条沙叶蝉（图71-2），也可以喷菊酯类药剂治虫。

72. 小麦秆黑粉病

症状特点：主要危害茎秆、叶和叶鞘，拔节后症状明显。发病植株病部出现与叶脉平行的条纹状孢子堆，初为淡灰色条纹，逐渐隆起，转为深灰色，最后寄主表皮破裂，散出黑色冬孢子粉（图72-1）。发病植株矮小、分蘖增多，病叶卷曲，很难抽穗，严重时枯死（图72-2）。

识别要点：植株矮小、分蘖增多，病叶卷曲，病部出现与叶脉平行的条纹状孢子堆。很难抽穗，俗称"铁条麦"（图72-2）。

病原特征：小麦条黑粉菌（*Urocystis tritici*），冬孢子圆形或椭圆形，褐色，由1～4个冬孢子形成圆形至椭圆形的冬孢子团，褐色，四周有很多不孕细胞，无色或褐色。冬孢子萌发后先形成菌丝，顶端轮生3～4个担孢子。担孢子柱形至长棒形，稍弯曲。

主要防治技术：（1）农业措施：选用抗病品种和无病种子；可与非寄主作物进行1～2年轮作；适期播种，避免播太深。（2）化学防治同"63.小麦黑穗病"防治技术。

图72-1　小麦秆黑粉病（病叶　董志平　提供）

图72-2 小麦秆黑粉病（病株，董志平 提供）

73. 小麦霜霉病

症状特点：苗期病苗矮缩，叶片淡绿或有轻微条纹状花叶。返青拔节后染病叶色变浅，并现黄白条形花纹，叶片变厚，皱缩扭曲，病株矮化，不能正常抽穗或穗从旗叶叶鞘旁拱出，弯曲成畸形龙头穗（图73-1，图73-2）。

识别要点：病株稍矮，叶色淡绿，叶片出现黄白色条纹，分蘖增多；穗畸形，呈龙头拐状，颖片变叶片状。

病原特征：小麦霜霉病菌（*Sclerophthora macrospora*），孢囊梗从寄主气孔中伸出，常成对，粗短，不分枝或少数分枝，顶生3～4根小枝，

图73-1 小麦霜霉病（病叶，董志平 提供）

图73-2　小麦霜霉病（畸形穗，董志平 提供）

枝上单生孢子囊。孢囊孢子柠檬形或卵形，无色，顶部壁厚，有一乳头状突起，成熟后易脱落，基部留一铲状附属物。成熟卵孢子球形至椭圆形或多角形。

　　主要防治技术：避免田间低洼积水；选种抗病品种；麦收后及时清除病残体。

74. 小麦粒线虫病

　　症状特点：受害麦苗叶片短阔、皱边、微黄、直立。病株在抽穗前，叶片皱缩，叶鞘疏松，茎秆扭曲。孕穗期以后，病株矮小，茎秆肥大，节间缩短，受害重的不能抽穗。成熟期，受害穗子比正常的小、短粗，颖片不正常开裂，子房变虫瘿，虫瘿黑褐色，短而圆，较坚硬（图74-1）。

　　识别要点：病穗颖壳外张，虫瘿黑褐色，短而圆，较坚硬。

　　病原特征：小麦粒线虫（*Anguina tritici*），属植物寄生线虫。雌雄成虫线形较不活

图74-1　小麦粒线虫（董志平 提供）

跃，内含物较浓厚，具不规则膜肠状体躯，卵母细胞及精母细胞呈轴状排列。雌虫肥大卷曲呈发条状，首尾较尖，热杀死后向腹面呈螺旋状卷曲。雄虫较小，不卷曲，热杀死后虫体有时向背面弯曲。卵产于绿色虫瘿内，散生，长椭圆形。

主要防治技术：严格种子检疫；用盐水选种或用机械方法汰除虫瘿；3年以上轮作。

75. 金针虫

危害特点：金针虫危害小麦的显著症状是幼虫蛀入近地面根茎部，但根茎部很少被咬断，被害部位不整齐，呈丝状，受害麦株心叶先干枯，严重时整株枯死。其成虫在地上活动时间不长，取食作物的嫩叶，但危害不严重（图75-1）。

害虫特征：沟金针虫幼虫体扁平，背面有一纵沟，尾节末端分2叉，各叉内侧有1小齿；细胸金针虫体细长，圆筒形，尾节末端圆锥形；褐纹金针虫胸腹部背面前缘有2个半月形黑斑，尾节末端3个突起（图75-2）。

主要防治技术：（1）施用充分腐熟有机肥。（2）利用灯光诱杀成虫，减少虫口密度。（3）土壤处理：播种时用辛硫磷颗粒剂处理土壤。（4）种子处理：用50%辛硫磷乳油按1∶1 000（药∶种）拌种。

图75-1　金针虫田间危害状（李洪连 提供）

图75-2　根部金针虫幼虫
（李洪连 提供）

76. 蛴螬

危害特点：主要以幼虫危害作物根部，萌发的种子、幼苗等均可危害。可咬断幼苗的根茎，切口较整齐，使植株枯黄而死。

害虫特征：幼虫体肥大，体长5～30毫米，体型弯曲近C形，体大多为白色、黄色或淡黄色。头大而圆，多为黄褐色或红褐色，上颚显著，生有左右对称的刚毛，常为分种的特征。胸足3对，一般后足较长。腹部10节，第10节称为臀节，其上生有刺毛（图76-1）。成虫体略凸，大小随种有很大差异。体色有赤、蓝、绿、褐、棕、黑等色，具光泽。触角鳃叶状。鞘翅长椭圆形，有光泽，鞘翅有4条明显的纵肋。卵初产乳白色，表面光滑，椭圆至长圆形。孵化前卵膨大，色变深，呈淡黄或橙黄色，卵壳透明。蛹大约长20毫米，裸蛹，头部细小，向下稍弯，腹部末端有叉状突起一对。

图76-1　蛴螬幼虫（李洪连 提供）

主要防治技术：（1）农业防治：在菜园周围清除杂草丛生的荒地，冬前适时耕翻土地，灭杀越冬幼虫；在栽培条件许可的情况下，进行水旱轮作或适时灌水杀灭幼虫。（2）化学防治：可选用48%乐斯本、90%晶体敌百虫、50%辛硫磷等药剂拌种。

77. 蚜虫

危害特点：苗期，以成虫、若虫在小麦背面、叶鞘及心叶处刺吸，被害部位呈黄色斑点，严重时斑点连片成块，麦叶卷缩，甚至整片叶子或麦株枯死。此外，麦二叉蚜还能传播小麦黄矮病（图77-1）。

害虫特征：小麦蚜虫有麦长管蚜、麦二叉蚜和禾缢管蚜。麦长管蚜有翅，成蚜体长为2.4～2.8毫米，头胸部黄、褐色，腹部为绿色；腹管长，圆筒形，端半部有网纹，末端黑色；尾片长大。麦二叉蚜有翅，成蚜体长1.4～1.7毫米，头胸部灰黑色，腹部绿；体背中央具浓绿清晰纵线；腹管较短，圆管形，顶端稍膨大，暗黑色，基部有横皱纹；额瘤不明显；触角为体长的一半或稍长；尾片短小；成虫前翅中脉分三叉。禾缢管蚜有翅，成蚜体长1.4～1.8毫米，头胸部黑色，腹部暗绿各有带紫褐色；体背两侧及腹管后方中央有黑色斑点；额瘤略显著；触角仅为体长的一半；腹管中等长，圆筒形，中部膨大，端部细；尾片不长。

图77-1　蚜虫危害状（李洪连　摄）

　　主要防治技术：（1）选用抗病、丰产品种：如豫麦47、西农979、中育8号、济宁12号等对蚜虫均有较好的抗性，可在一定程度上减轻蚜虫危害。（2）农业防治：适时播种，清除田间杂草，麦田早春耙压，及时浇水等，都可减少蚜害，提高植株的抗逆性；保护利用自然天敌控制麦蚜，天敌种类较多，主要有瓢虫、食蚜蝇、草蛉、蜘蛛、蚜茧蜂等，其中以瓢虫及蚜茧蜂最为重要。（3）化学防治：吡虫啉、噻虫嗪拌种，吡虫啉、抗蚜威、溴氰菊酯等叶面喷雾。

78. 黏虫

　　危害特点：幼虫取食寄主植物叶片。1～2龄幼虫仅取食叶肉，将叶片咬成麻布眼状小孔，3龄后将叶片吃成缺刻，5～6龄为暴食期，大发生时常将叶片吃光，还可咬断穗轴、茎秆，造成严重减产（图78-1）。

　　害虫特征：成虫主要

图78-1　小麦黏虫（李洪连　提供）

是中室内有2个淡黄色圆斑，外侧圆斑下方有一个小白点以及白点两侧的小黑点，顶角伸向后缘有一黑褐色斜纹。幼虫头部两侧有呈"八"字形的褐色纹，体背及侧面有5条深色纵纹，纵纹间有白色细纹。

主要防治技术：在麦田防治时一般是防治蚜虫或其他害虫时兼治黏虫。（1）物理防治：在成虫迁入期，每亩麦田设置1个糖醋液诱集盆诱杀成虫，可明显降低田间卵量和幼虫密度，糖醋液配方为：红糖6份+醋3份+酒1份+水10份+农药少许。（2）药剂防治：防治适期掌握在幼虫3龄以前，参考防治指标为一类麦田3龄幼虫25头/米^2，二类麦田15头/米^2，常用药剂有20%灭幼脲1号胶悬剂、10%高效氯氰菊酯乳油、Bt乳剂或可湿性粉剂、0.5%甲维盐微乳剂等。

79. 麦叶蜂

图79-1　麦叶蜂（李洪连 摄）

危害特点：麦叶蜂以幼虫取食叶片，从叶边缘向内咬食成缺刻，严重时整个叶片被取食殆尽，麦株被吃成光秆，仅剩麦穗，籽粒灌浆不实（图79-1）。

害虫特征：成虫前胸背板赤褐色，中胸背板两侧各有1个橘黄色斑，后胸背板两侧各有1个白斑。幼虫胸部粗，腹部细，各体节有多条横皱纹，腹足8对。

主要防治技术：（1）农业防治：秋播前深耕细耙，破坏幼虫化蛹越冬场所。（2）药剂防治：防治适期掌握在幼虫3龄前，可结合防治黏虫和麦蚜等害虫进行喷雾，常用药剂有10%高效氯氰菊酯、25%灭幼脲可湿性粉剂、2.5%溴氰菊酯乳油等。

80. 吸浆虫

危害特点：以口器刺伤麦粒果皮，吮吸浆液，受害轻的穗与健穗区别不明显，受害重的麦穗萎缩，色泽暗淡或呈黄色，穗体柔软，籽粒瘦缩凹瘪，以后发霉变成黑绿色（图80-1）。

害虫特征：雌成虫触角各节呈长圆形膨大，上面环生两圈刚毛。雄虫触角每节有两个球形膨大部分，每个球形部分除环生一圈刚毛外，还有一圈环状毛。足细长，一对翅。雌成虫产卵管伸出时约为腹长之半，末端呈两瓣状。幼虫体纺锤形，橙红色，前胸腹面有Y形剑骨片，前方呈锐角凹入，腹末有突起两对（图80-2）。

主要防治技术：（1）选用抗虫品种：如鲁麦14、豫麦34、豫麦47、郑麦9023、郑麦366、科优1号、豫农981、众优201等均表现较好的抗虫性。（2）农业措施：调整作物布局，实行轮作倒茬，如小麦与油菜、豆类、棉花和水稻等作物轮作；麦田连年深翻，把潜藏在土里的吸浆虫暴露在外，促其死亡，对压低虫口数量有明显的作用。（3）化学防治：在小麦播种前，每亩用50%辛硫磷乳油200毫升，兑水5千克，喷在20千克干土上，拌匀制成毒土撒施在地表防治土中幼虫；小麦抽穗开花期，喷施菊酯类等触杀性强的杀虫剂及时防治成虫，同时兼治麦蚜、黏虫和小麦叶蜂等害虫。

图80-1 吸浆虫危害状（李洪连 提供）

图80-2 吸浆虫（李洪连 提供）

81. 麦叶螨

危害特点：以刺吸口器刺吸茎、叶上的汁液，被害部位呈灰白色斑点，后变黄色，干枯，严重时整株枯焦而死（图81-1）。

图81-1　麦叶螨危害状（李洪连 提供）

害虫特征：危害麦类作物的叶螨主要有麦圆叶爪螨（俗称麦圆蜘蛛）*Penthales major*和麦岩螨（俗称麦长腿蜘蛛）*Petrobia latens*两种，均属蛛形纲前气门目，前者属叶爪螨科，后者属叶螨科。麦圆叶爪螨，黑褐色，椭圆形，头胸部突起；背肛在腹背稍隆起，周围红色；第一对足最长，第四对足次之，第二、三对足略等长。麦岩螨，红褐色，卵圆形，头胸部尖削；无背肛，背中央有不太明显的脂状斑纹；第一对、第四对足长度超过二、三对的足1 ～ 2倍。

主要防治技术：（1）轮作：小麦害螨危害严重的区域，最好与油菜、豌豆和棉花等作物进行轮作；有条件的地方还可实行水稻和小麦轮作。（2）浅耕灭茬：小麦收割后立即用圆盘耙或旋耕机进行浅耕灭茬，对潜伏在浅土层的吸浆虫幼虫、小麦害螨、麦叶蜂幼虫、蛴螬等有很强的杀伤作用。（3）药剂防治：害螨严重时用杀螨剂喷雾，如阿维菌素、联苯菊酯等。

82. 麦秆蝇

危害特点：幼虫钻蛀麦茎取食幼嫩组织，一般从叶鞘与茎间潜入，在幼嫩心叶或穗节基部1/5 ～ 1/4处呈螺旋状向下蛀食（图82-1）。拔节前和拔节期蛀茎可造成小麦枯心，抽穗后蛀茎可造成烂穗、坏穗或白穗等症状。

害虫特征：麦秆蝇（*Meromyza saltatrix*）俗称麦钻心虫、麦蛆等，属双翅目黄潜蝇科。老熟幼虫蛆形，细长，黄绿色或淡黄色，口钩黑色（图82-2），前气门有6～8个指状突起；成虫，黄绿色，复眼黑色，单眼区有一大褐斑，胸背有3条纵纹，腹背还有1条（危害世代）或3条（越冬代）纵纹（图82-3）。卵壳白色，表面有10多条纵纹（图82-4）。

　　主要防治技术：（1）农业防治：增施基肥，合理密植，加强栽培管理，促进小麦生长，可以有效控制麦秆蝇数量，减轻危害。（2）药剂防治：防治适期掌握在越冬代成虫始盛期，每3天用捕虫网扫捕一次，当百网有成虫2～3头时进行喷药防治。虫口密度高的麦田，第一次喷药后6～7天再喷一次。可用50%辛硫磷乳油、10%高效氯氰菊酯乳油或其他菊酯类杀虫剂兑水喷雾。也可用80%敌敌

图82-1　麦秆蝇危害状（董志平 提供）

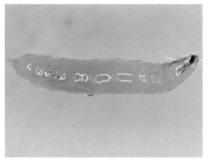

图82-2　麦秆蝇幼虫（董志平 提供）

图82-3　麦秆蝇成虫（董志平 提供）

图82-4　麦秆蝇卵（董志平 提供）

畏乳油每亩75克拌麦糠熏蒸，或与细干土混合后撒施。

83. 野燕麦

图83-1　野燕麦麦田危害状（王燕 摄）

危害特点：野燕麦（*Avena fatua*）属于禾本科燕麦属，一年生或越年生草本植物，别名铃铛麦（图83-1）。野燕麦繁殖能力和生活力强，生长旺盛，与麦类作物共生，前期不易区分；多数除草剂对该杂草选择性不强，易造成药害。

诊断要点：野燕麦上部叶被有倒生的茸毛，无叶耳。第一片真叶带状，具11条直出平行叶脉，叶舌先端齿裂，光滑无毛；第二片叶带状披针形，叶缘具睫毛。

防治技术：（1）精选种子：小麦留种田严格防除野燕麦，播种之前，精选种子，去除杂草种子。（2）农业防治：实行水旱轮作，及时拔除杂草，重发病地可休耕、深翻。（3）化学防治：在播种之前，可用燕麦畏兑水，均匀喷施于土表，也可混土撒施；播后苗前用燕麦畏兑水喷雾，施药后立即进行浅混土2～3厘米，以不耕出小麦种子为宜，或用燕麦畏拌细土，撒施，但随施药随浇水；也可用精恶唑禾草灵，草吡唑，禾草灵等兑水喷雾防除；野燕麦和双子叶杂草混合发生的麦田，可用精噁唑禾草灵，草吡唑与2，4-滴丁酯混合使用；小麦冬前期或小麦返青期，对于野燕麦为主的地块，在野燕麦3～4片叶到分蘖期，可用异丙隆、草吡唑、炔草酯可、精噁唑禾草灵、甲基二磺隆等进行防除。

84. 猪殃殃

危害特点：猪殃殃（*Galium aparine* L. var. *tenerum*），茜草科拉拉藤属植物，又名锯锯草、拉拉藤、锯锯藤等。一年生或两年生蔓状或攀援状草本，为夏熟旱作物田恶性杂草（图84-1）。猪殃殃生命力顽强，不易根除。营养体易附着于交通工具进行远距离传播；单一除草剂品种的长期使用，会使猪秧秧产生一定的抗药性。

图84-1　猪殃殃（吴仁海 摄）

诊断要点：叶阔卵形，轮生。茎多自基部分枝，四棱形，棱上和叶背中脉及叶缘均有倒生细刺，近无柄，顶端有刺尖，表面疏生细刺毛；花序聚伞形腋生或顶生，花萼有钩毛，花冠辐射状，花瓣黄绿色，较小；果球形，密生钩状刺毛。

防治技术：（1）农业防治：种子精选，去除杂草种子；深翻土壤，深埋杂草种子。（2）化学防治：小麦2叶期至返青拔节期，用力威尔麦乐有效成分15～22.5克兑水喷雾，注意施药应严格控制用量，春季用药的小麦田不能套种花生、大豆，轮作花生、大豆的冬小麦田应在冬前使用，施药与后茬作物安全间隔期90天；施药防止药液飘移到阔叶农作物上。还可以使用苄嘧磺隆、精噁唑禾草灵、氯氟吡氧乙酸+2甲4氯钠（注意2甲4氯钠只能在小麦4叶期至拔节前施用，拔节后不能再施用2甲4氯钠）。

85. 硬草

危害特点：硬草（*Sclerochloa dura*），禾本科硬草属，生命力旺盛，耐药性强，苗期与小麦相似，不宜区分。已成为麦田密度最高、发生面积最大的恶性杂草（图85-1）。

图85-1　硬草（吴仁海 摄）

诊断要点：幼苗第一片真叶带状披针形，有3条直出平行脉，叶舌干膜质2～3齿裂，叶鞘亦有3脉。第二片真叶与前叶不同，叶缘有极细的刺状齿，有9脉，叶鞘下部闭合。硬草秆直立或基部偃卧，高15～40厘米，节较肿胀。

防治技术：（1）农业防治：重病田实行轮作换茬，积极推广小麦—油菜、小麦—蔬菜轮作；种子精选，减少杂草种源；精量播种，促苗早发；清除沟、渠、埂等特殊环境杂草，结合麦田管理，中耕锄草。（2）化学防治：播后芽前用异丙隆、绿麦隆；苗后冬前，杂草2～3叶期的用精噁唑禾草灵防除效果最佳；春季防治，用精噁唑禾草灵，必须加大用药量。

86. 早熟禾

危害特点：早熟禾（*Poa annua*）禾本科早熟禾属，又名小青草、小鸡草、冷草、绒球草等（图86-1）。一年生或多年生，种子小而轻，数量大，易于传播。植株适应广，生命力顽强，对绝大多数常用茎叶处理除草剂具有较高的耐药性。

诊断要点：幼苗第一片真叶带状披针形，先端锐尖，有3条直出平行脉，叶片与叶鞘间有一片三角形膜质叶舌，叶鞘亦有3条脉。茎秆细弱、丛生、直立或稍倾斜，明显较小麦矮。叶鞘多

图86-1　早熟禾（孙炳剑 摄）

从植株中部以下闭合，无毛；叶舌圆头膜质；叶片质地较软；圆锥花序呈开展状，每节具分枝1～3枝，小穗有花3～5朵；颖果近纺锤状。

防治技术：（1）农业防治：轮作和耕翻，人工拔除小面积或大草。（2）化学防治：可用精噁唑禾草灵、异丙隆、阔世玛（甲基二磺隆和甲基碘磺隆混剂）进行防除。

87. 看麦娘

危害特点：看麦娘（*Alopecurus aequalis*），禾本科看麦娘属，一年生或多年生草本（图87-1）。主要危害小麦、油菜、绿肥等。看麦娘根系发达，富含根毛，耐旱、耐淹，抗逆性强；种子成熟后脱落到田间，不断更新补充土壤种子库。同时，通过土壤、土杂肥、麦种、风力、人力、流水进行传播；易对除草剂产生抗药性。

诊断要点：幼苗第一片真叶呈带状披针形，长1.5厘米，具直出平行脉3条，叶鞘也有3条叶脉，叶及叶鞘均光滑无毛，叶舌膜质，2～3深裂，无叶耳。

防治技术：（1）农业防治：人工拔除是除治看麦娘最有效的物理方法，冬小麦种植区最适宜时期掌握在每年10～11月达到发生

图87-1　看麦娘田间危害状（范志业　摄）

高峰期和翌年3月中、下旬出苗盛期较为适宜；人工拔除应连根拔除，集中销毁。（2）化学防治：播后苗前用绿麦隆、异丙隆或速杰（50％苄·丁·异丙隆可湿性粉剂）进行土壤封闭处理，施药前后注意保持土壤湿润；茎叶处理用异丙隆、甲基二磺隆、唑啉草酯、啶磺草胺及其混配剂。

88. 泽漆

危害特点：泽漆（*Euphorbia helioscopia*）大戟科大戟属植物，别名五朵云、猫儿眼草、奶浆草（图88-1）。一年生或二年生草本，原为沟边路旁常见杂草，已侵入麦田危害。泽漆种子轻、密度小，易随水流和风传播，抗逆性强，适应范围广。对2甲4氯、阔叶净、百草敌等除草剂抗性较强。

图88-1　泽漆（孙炳剑 摄）

诊断要点：叶无柄，肉质，叶片倒卵形或匙形，茎健壮无毛，直立，圆形，下部淡紫红色，上部淡绿色。切断茎叶有白色乳汁流出。花序为聚伞状顶生，种子卵形，暗褐色，表面有网纹。

防治技术：（1）农业防治：地表土翻深至10厘米以下，可以降低泽漆的出苗基数；推广机条播，增施有机肥（基肥），适当增加播种量，早施苗肥及微肥，提高小麦植株素质，促使小麦早发快长，以苗压草；水旱轮作。（2）化学防治：可用氯氟吡氧乙酸、唑草酮、酚硫杀、麦草畏等。

89. 节节麦

危害特点：节节麦（*Aegilops tauschii*）属禾本科山羊草属，是世界性的恶性杂草（图89-1）。节节麦严重影响小麦产量，一般产量损失达10％～25％。节节麦分蘖、繁殖能力强，易传播；根茎发达、抗逆性高；与麦类作物共生，前期不易区分；种子能够在本地麦田越夏，且不断积累，种子成熟后自然脱落到土中越夏存活。

诊断要点：节节麦的叶上被有茸毛，根茎处为红褐色或紫红色，比小麦发芽迟，成熟得早。

防治技术：（1）农业防治：必须先严守种子关，抓好种子精选；在节节麦成

图89-1　节节麦（吴仁海 摄）

熟之前及时拔除，轮作倒茬；科学施肥，争取苗齐苗壮，以麦压草。（2）化学防治：在小麦越冬前、杂草出齐后，用甲基二磺隆和甲基碘磺隆（3%世玛油悬乳剂、3.6%阔世玛水分散粒剂），异丙隆；也可于春季小麦返青后、节节麦开始生长前用3%世玛油悬乳剂进行防除。

90. 阿拉伯婆婆纳

危害特点：阿拉伯婆婆纳（*Veronica persica*）是婆婆纳属铺散多分枝草本植物。时常会形成单优势种群，较难防除（图90-1）。

诊断要点：全体被有柔毛。茎下部伏生地面，基部多分枝。叶卵圆形或肾状圆形，缘具钝状齿，基部圆形。花单生于叶状苞片内。花萼4深裂，裂片狭卵形，宿存花冠深蓝色，有放射状深蓝色条纹。

图90-1　阿拉伯婆婆纳（孙炳剑 摄）

防治技术：（1）农业防治：必须先严守种子关，抓好种子精选；在节节麦成熟之前及时拔除，轮作倒茬；科学施肥，争取苗齐苗壮，以麦压草。（2）化学防治：小麦达到3叶期后，平均温度在5℃以上，可用触杀型除草剂唑草酮、吡草醚、乙羧氟草醚、甲基碘磺隆钠盐、氯氟吡氧乙酸等进行防除。

91. 菵草

危害特点：菵草（*Beckmannia syzigachne*）是禾本科菵草属一年生杂草，别名菵米、水稗子（图91-1），为稻茬麦优势杂草。部分地区重度危害。

诊断要点：秆直立，叶鞘无毛，多长于节间；透明膜质叶舌，扁平叶片；圆锥状花序；小穗扁平，圆形或倒卵圆形，灰绿色，成覆瓦状排列于穗轴一侧，含1朵小花；颖等长，厚革质，成囊状；外稃披针形，内稃稍短于外稃。

防治技术：小麦播后苗前用异丙隆进行土壤封闭处理，

图91-1　菵草（高君晓 摄）

以减少菵草发生量。在播种后至麦苗3叶期，可以用异丙隆、炔草酯、精恶禾草灵，或者炔草酯+氟唑磺隆进行防除。

92. 播娘蒿

危害特点：播娘蒿（*Descurainia sophia*）又名米米蒿、麦蒿、葶苈等，为十字花科播娘蒿属植物（图92-1，图92-2）。一年生或越年生杂草，种子繁殖，种子适宜土层深度为1～3厘米。种子比小麦成熟早，结实量大，一旦成熟，果实极易开裂，散入土壤中。

诊断要点：十字花科，直立草本。茎圆柱形，上部分枝，密被白色卷曲毛和分枝毛。基生叶3裂，顶端裂片倒卵形，侧生裂片椭圆形，具明显的叶柄；茎生叶几无柄，倒卵形，两面密被卷曲柔毛或几无毛。总状花序顶生，萼片狭长圆形，花瓣黄色，匙形，短于萼片或等长。花柱短。长角果线形，串珠状，黄绿色，斜上，稍内弯。

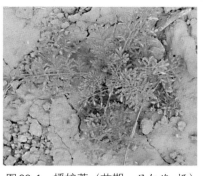

图92-1　播娘蒿（苗期，吴仁海 摄）

防治技术：（1）农业防除：进行合理轮作，在播娘蒿未成熟前收割，可有效减轻下年播娘蒿草害。（2）化学防除：可用2甲4氯、氰草津、异丙隆、氨基嘧磺隆、唑草酮等药剂在小麦2叶期至拔节前处理，以杂草生长1～4叶期施用防效最好。

图92-2　播娘蒿成株期（董志平 提供）

93. 麦瓶草

危害特点：麦瓶草（*Silene conoidea* L.）又名米瓦罐，俗名面条棵、面条菜，为石竹科蝇子草属植物（图93-1）。麦瓶草为一年生或

图93-1 麦瓶草（苗期，吴仁海 摄）

越年生杂草，抗干旱能力极强；根系极发达，茎枝坚挺密实。种子繁殖，6月初为种子成熟期。

诊断要点：直立草本，子叶卵状披针形，先端锐尖，无毛。全株密生腺毛，单一或叉状分枝。基生叶匙形，茎生叶矩圆形或披针形，基部稍抱茎，两面密生腺毛。聚伞花序顶生；蒴果卵形，种子螺旋状，有成行的瘤状突起。

防治技术：（1）农业防除：水旱轮作。（2）化学防除：可选用噻磺隆、异丙隆等药剂在小麦2叶期至拔节前防除，以杂草生长1～4叶期施用防效最好。

94. 荠菜

危害特点：荠菜（*Capsella bursa-pastoris* Medic.）又名荠、荠荠菜，为十字花科荠属一年生或越年生杂草，适宜在中性和微碱性土壤上生长。耐寒、抗旱，对炎热反应较敏感（图94-1）。

诊断要点：茎直立，有分枝，全株稍有单毛及星状毛。子叶阔椭圆形或阔卵形，全缘，具短柄。幼苗除子叶和下胚轴外，全株密被星状毛和分枝毛。基生叶丛生，呈莲座状，平铺地面；茎生叶无柄，狭披针形，基部箭形且抱茎，全缘或具疏细齿。总状花序顶生和腋生，花后显著伸长；萼片狭卵形，具膜质边缘；花瓣白色，矩圆状倒卵形，具短爪，雄蕊6枚，4强，基部有两个蜜腺。短角果倒三角形扁平，先端微凹，有极短的宿存花柱。种子2行，长椭圆形，细小，扁平，黄色。

防治技术：（1）人工防除：冬前或初春进行人工挖除。（2）化学防除：麦田荠菜可用唑酮草酯、噻磺隆、2甲4氯、麦草畏、溴苯腈、灭草松、唑嘧磺草胺等药剂防除。

图94-1 荠菜（董志平 提供）

95. 打碗花

危害特点：打碗花（*Calystegia hederacea*）别名拉拉菀、野牵牛、中国旋花，为旋花科打碗花属植物（图95-1）。多年生杂草，根芽和种子繁殖，春季出苗。大发生时成片生长，密被地面，缠绕向上，强烈抑制作物生长，造成作物倒伏。

诊断要点：草本，子叶方形，全缘，具长柄，全株光滑无毛。茎蔓生、缠绕或匍匐状，有棱角，基部常有分枝。叶互生，基部心形，全缘；茎上部叶三角戟形，侧裂片开展，常再2浅裂。花单生叶腋，苞片2，萼片5；花冠漏斗状，淡粉红色；子房上位，2室；花柱细长，柱头2裂。蒴果卵圆形，光滑。种子卵圆形，黑褐色。

防治技术：（1）农业防治：实行水旱轮作；幼苗期，进行人工拔（挖）除。（2）化学防除：可用唑酮草酯、麦草畏、草甘膦、氨基嘧磺隆（好事达）进行防除。

图95-1 打碗花（孙炳剑 摄）

主要参考文献

董金皋，2015.农业植物病理学（第3版）[M].北京：中国农业出版社.

董志平，姜京宇，2007.小麦病虫草害防治彩色图谱[M].北京：中国农业出版社.

胡廷积，尹钧，2014.小麦生态栽培[M].北京：科学出版社.

李洪连，郭线茹，2009.主要农作物病虫害诊断与防控[M].北京：中国农业科学
　　技术出版社.

鲁传涛，薛保国，王锡锋，等，2011.中国植保技术原色图解[M].北京：中国农
　　业科学技术出版社.

马奇祥，宋玉立，1998.麦类作物病虫草害防治彩色图说[M].北京：中国农业出
　　版社.

尹钧，苗果园，2017.小麦温光发育与分子基础[M].北京：科学出版社.

张玉聚，张振臣，刘红彦，等，2009.中国农业病虫草害新技术原色图解[M].北
　　京：中国农业科学技术出版社.